博士论丛

风景旅游建筑规划设计研究

A STUDY ON SCENIC TOURISM ARCHITECTURE AND ITS PLANNING & DESIGN

聂玮　著

中国建筑工业出版社

图书在版编目（CIP）数据

风景旅游建筑规划设计研究 / 聂玮著 . —北京：中国建
筑工业出版社，2017.12
（博士论丛）
ISBN 978-7-112-21463-1

Ⅰ.①风…　Ⅱ.①聂…　Ⅲ.①风景名胜区 — 建筑设
计 — 研究　Ⅳ.①TU247.9

中国版本图书馆CIP数据核字（2017）第267839号

本书从风景名胜区的规划设计与建设现状出发，结合耦合理论，分别探讨了风景旅游建筑与场地、风景旅游建筑与人之间的耦合关系，构建了耦合度评价体系，得出了相应的规划设计策略与手法，建立了风景旅游建筑规划设计的方法，对将来的规划设计实践与管理工作具有一定的指导意义。

本书可供广大风景园林设计师、规划师、建筑师、高等院校风景园林专业师生等学习参考。

责任编辑：吴宇江　李珈莹
责任校对：张　颖

博士论丛
风景旅游建筑规划设计研究
A STUDY ON SCENIC TOURISM ARCHITECTURE AND ITS
PLANNING & DESIGN
聂玮　著
＊
中国建筑工业出版社出版、发行（北京海淀三里河路9号）
各地新华书店、建筑书店经销
北京京点图文设计有限公司制版
北京建筑工业印刷厂印刷
＊
开本：787×1092 毫米　1/16　印张：14　字数：258 千字
2018 年 5 月第一版　2020 年 7 月第二次印刷
定价：**58.00**元
ISBN 978-7-112-21463-1
　　　（35581）

序 一

人诞生于自然，而人因聚居营造的城市又远离了自然。于是，我们又努力在城市中营造近自然的园林，同时，人们又走出城市踏入风景区。随着人类足迹的渗入，风景区已不是纯粹的自然风景区，为满足人类游憩的需要，风景旅游区的人为建设必不可少。近年来，在这个风景园林学、建筑学、游憩学、生态学等多学科交汇的领域，我的研究团队一直在努力耕耘，尤其是在旅游景区的微气候、建筑营造等关系到游人体验的方面做出了众多有益的尝试，而聂玮作为我的博士生，他的论文选题也就在这种背景下产生。

回忆起论文的选题，前后经历了多次讨论。整篇文章以探讨风景旅游建筑与风景区内的自然本底环境以及游客游憩行为三者之间的关系为主要内容。界定了风景旅游建筑的科学概念与范畴，梳理了我国风景旅游建筑的发展历程与历史脉络，并系统性地建立起风景旅游建筑理论与规划设计方法体系。整篇文章行文工整、结构明晰，融汇了自然关怀与人文情怀、定性描述与定量研究，体现了聂玮作为一名青年学者严谨务实的良好作风与扎实的科研基本功。

聂玮的研究起始于2011年，也正是这一年，风景园林学成为了与建筑学、城乡规划学并列的一级学科。风景园林学作为人居环境科学的重要一环，得到了应有的重视。体会不久前的中共十九大精神，作为风景园林学人，在新时代的工作应坚持为人民服务，体现风景园林专业的公益性。风景园林学科将来的新目标、新任务，首先就是解决人民群众日益增长的休闲游憩、亲近自然的美好需求与不均衡、不充分的休闲游憩空间供给之间的矛盾；其次，是和其他有关建设、生态与环境保护的部门一起积极参与保护自然生态、生态恢复、生态修复的工作。

本书的出版，对聂玮博士的研究工作是一个阶段性总结，更是新的目标的开始，希望他在将来的研究中持续关注人民群众的游憩需要，让风景园林学的研究更加闪耀人性的光辉。谨此为序。

2018 年元月于版纳

董靓（华侨大学建筑学院特聘教授，博士生导师）

序 二

聂玮老师自 2017 年 9 月开始在我们研究室做博士后研究，此前成玉宁老师也积极推荐，才有缘结识这位青年学者。由于书中的研究内容对于我来说并不是十分的精通，达到完全理解的程度，还需要一定的时间。为此请允许略述拙言！

第一，本书涉及的内容范围之广、信息量之大，想必对每一位读者来说都应该是不言而喻的盛餐。从场地的空间到场地的形态，从游客的视觉评价到游客的时空行为，可以说它涵盖了古与今、中与外、表象与内涵、定量与定性等诸方面的指标及跨专业的综合性论述。

第二，书中重要部分的说明均配有简明扼要的模式图，这对于每位从业者来说，应该是一种最有效的催化剂，可让一知半解的状态云消雾散，渴望求知的读者爱不释手。而这些几乎所有的图示均出自作者的手稿，这种原创的第一手资料，更体现了书稿的价值所在。

第三，本书对具体内容的论述，体现了较深厚的理论基础，尝试了AHP 法、环境偏好矩阵、SD 法、相关分析、回归分析等多种统计学分析法的应用，可以说为风景园林专业更客观与更精确地阐述了人与物（自然）、写实与写意、具象与抽象之间存在的相互间的关系提供了更有效的方法。

第四，从本书中可以真切的感受到作者对自己所从事专业发自内心的热爱，没有这种"姿态"，任何的努力及一时的成功均不具备可持续性。这在大发展时期的中国实属不易，进而也让我们看到了行业的未来。期待着青出于蓝而胜于蓝，并且是多多益善。

第五，如果需要对今后说期望的话，那就是无条件喜爱自己所从事的工作。任劳任怨、踏踏实实地对待每一件事，一切都会显得自然而然。不知每位读者是否产生了更加迫切的阅读欲望？如果是的话，那将是一件多么美好的事情。

2018 年初春于松户

章俊华（日本千叶大学园艺学研究科教授，博士生导师）

目　　录

第1章 绪论

1.1 研究背景

随着我国经济建设、城市化进程步伐的加快，尤其是新型城镇化的不断推进，国民生活水平的不断提高，个人的可支配收入也得到稳步增长。越来越多的人选择在各大风景名胜区中度过闲暇时间，一来缓解都市生活带来的压力与烦恼，二来更加亲近大自然以达到放松身心的目的。我国幅员辽阔、地大物博，地形地貌丰富，自然与人文风景得天独厚，为广大民众的旅游观光活动提供了广阔的选择空间。

2014 年 8 月，国务院发布《国务院关于促进旅游业改革发展的若干意见》。《意见》提出，到 2020 年，境内旅游总消费额达到 5.5 万亿元，城乡居民年人均出游 4.5 次，旅游业增加值占国内生产总值的比重超过 5%。《意见》指出，旅游业是现代服务业的重要组成部分，带动作用大。加快旅游业改革发展，是适应人民群众消费升级和产业结构调整的必然要求，对于扩就业、增收入，推动中西部发展和贫困地区脱贫致富，促进经济平稳增长和生态环境改善意义重大，对于提高人民生活质量、培育和践行社会主义核心价值观也具有重要作用 [1]。

在各类旅游景区、风景名胜区当中，人们对于名山胜水、海滨海岛等自然风景的关注程度大大高出古镇民俗、宗教圣地等人文景区（图 1-1），相比之下，前者的生态环境更加脆弱，旅游活动的开展对其影响更大，随着民众大规模的进入，尤其是随之而来为观光服务的基础设施和建筑规模化建设，风景区的自然环境与生态承载承受着巨大的压力与挑战。

在风景名胜区中进行大规模旅游观光活动的过程中，不可避免地需要为增加的游客人群而新建建筑空间，为游客提供交通、住宿、餐饮和娱乐等服务。无论是何种尺度的建筑，都会对景区环境以及游客经历带来不同程度的影响。随着旅游业的发展，人类活动不断地从城市区域向自然疆域扩张，风景区新建建筑数量在急剧增加的同时，也为自然环境带来了不可忽视的影响。在风景名胜区的开发建设中，一些未能体现其应具有的生

---

1 引自人民网——国务院关于促进旅游业改革发展的若干意见 . http://politics.people.com.cn/n/2014/0821/c1001-25510494.html.

态、永续以及保育教育的现象时有发生，如形式上的风格杂乱、缺乏地域特色，功能上的配置不合理、不完善，以及对自然景观、生态的人为破坏（图1-2）。

图1-1　近年来旅行者对目的地分类别的关注程度

（资料来源：百度数据研究中心）

图1-2　风格混乱、体量庞大的景区建筑

（资料来源：作者拍摄）

1.1.1　大规模建筑设施建设破坏风景名胜资源原貌

在风景名胜区内建设宾馆、饭店等接待设施或交通、娱乐等设施时，会对风景名胜资源造成直接的破坏，尤其是在地形特殊的山地地带，经常会通过爆破开山的形式来开拓空间，使得风景名胜区失去了其原始的风貌与形态特征[1]。由于受地势限制，经常采取破坏植被、平整土地的方式来为旅游设施的建造拓展空间。更有甚者，为了节省建筑材料的运输费用，竟然就地开山炸石、伐木取材，使青山绿水变得满目疮痍[2]。

大规模的建筑设施建设也给一些景区带来了惨痛的代价，张家界武陵源风景区"世界自然遗产地"的金字招牌就曾差点因景区游客超容、建筑

1　窦银娣，李伯华．旅游景区城市化问题研究 [J]．宿州学院学报，2007（8）：106-109.

2　王子新，邢慧斌．旅游区城市化问题与对策探讨 [J]．旅游学刊，2006（1）：77-80.

过多而被世界自然遗产委员会摘牌。从 1992 年被列入"世界自然遗产地"之后的 6 年内，由于受到经济利益的驱使，武陵源风景区的管理以及开发部门无视自然环境的容量，急速扩张景区建设，最终为了拯救风景区，恢复武陵源的自然风貌，保住"世界自然遗产地"这块金字招牌，张家界花费 10 亿元将景区内近 34 万 m^2 的建筑物全部拆除，恢复原貌[1]。

张家界存在的过度建设，人为破坏风景名胜资源的现象，在我国各地的风景区中并不鲜见。如何在进行建筑设施建设的时候，保持自然风景区的原貌，同时又能够满足日益增长的旅游需求，已经成为景区管理者、研究学者们进行探讨的重要话题。除了规模超标、数量激增以外，风景区内进行的旅游建筑设计与建设还主要存在着以下值得关注与探讨的问题。

1.1.2 城市化、人工化建筑设施破坏自然与人文景观

景区发展的城市化问题是风景区大规模建设过程中的一个集中体现，风景名胜区的城市化现象会使景区内的很多重要的景观和自然屏障在较短的时间内消失，同时也让很多景区的神秘感大大降低，特别是风景区城市化后，各类威胁风景区生存与发展的环境问题、社会问题日趋严重[2]。在进行旅游开发活动之前，一些风景名胜区保持着较为原始的自然状态，传统世居居民的耕作、砍伐等活动虽然对景区有一定的破坏，但却处于一种动态平衡的状态，无论耕作还是建筑建造方式等都与环境相和谐。

在旅游业发展进程中，新的建筑设施建设较为杂乱，城市化现象明显，建筑缺乏地域特色，风格芜杂，与景区环境不和谐，造成了一定的视觉污染（图 1-3）。作为人工的活动痕迹，与周边环境互不相容的景区的新建建筑拔地而起，造成了自然风景的审美破坏。无论体量的大小，新建建筑设施都有扼杀美好风景的可能，同时也造成旅游者心理经历与期待值的差距。景区内的游道建设也呈现出较明显的公园化趋势，大量硬质铺地以及混凝土结构显得过于规整，引入植物与自然背景等都非常不和谐。

1.1.3 不合理的建筑设施建设破坏生态环境

在风景区中进行建筑物的不合理建设破坏了风景区原有的生态，包括对地表水文过程、动物迁徙繁衍过程以及植被的破坏。不合理的新建建筑设施有可能形成了阻碍垂直方向地表水文过程的屏障，原来自然状态的水文过程，如地表水下渗、经地表植被吸收缓冲后缓慢均匀下泻，有利于水

1　引自新浪新闻——10 亿元，张家界保住"世遗"称号的代价 . http://finance.sina.com.cn/roll/20040705/0904850383.shtml.

2　李明德 . 警惕景区发展城市化 [N]. 人民日报海外版，2002-07-24.

图1-3 四川省某风景区内的欧式酒店建筑

（资料来源：作者拍摄）

土涵养以及生物的生存，可能因为建筑设施的建设而变成了集中式排水，对原有水文过程的改造，会使其容易形成冲沟，导致水土流失。同时，在进行建筑设施的建设过程中，以追求规整美观为目标，树木的砍伐、土地的平整都使得原有的植被层遭到破坏性打击。

大量旅游活动的进入，使得一些动物物种因为人类出现而受到惊吓，从而影响动物的繁殖迁徙活动。建筑的修建而不得不进行大规模工程性建设，使得一些动物无家可归，甚至建筑的修建打断了动物的迁徙路径而使之死于途中（图1-4），由此而导致的风景区生态孤岛化效应，对动物多样性保护产生非常不利的影响。张家界武陵源风景区，由于旅游建设活动产生的生活、生产污水使得其特有的娃娃鱼物种消失绝迹[1]。

图1-4 工程建设中的动物迁徙通道示意图

（资料来源：互联网）

随着旅游活动的发展，一些建筑设施甚至建设在了河流、瀑布等自然水体之上，同时导致了人工砌体结构出现在堤岸、沟渠之中的现象，从而破坏了自然形态，影响了其景观价值，对生态环境的平衡产生一定的不利影响。

---

1 周年兴，俞孔坚.风景区的城市化及其对策研究[J].城市规划汇刊，2004（1）：32-37.

1.1.4 不科学的规划设计导致配置不合理、功能不完善

一些风景名胜区，在没有编制具体的规划设计的情况下就盲目地进行开发建设，导致旅游建筑设施抢占了核心区内的有利地段，形成混乱无序的格局。在某些风景区规划设计中，由于水平有限，导致指令性和指导性条款不明确，降低了其可操作性和适用性，对景区内空间环境和景观特征的认知和把握不够准确导致规划设计中偏差的出现[1]。在一些风景名胜区内，由于对旅游业发展的预计不够，风景名胜区内的各种建筑设施配置不够合理，缺乏一些教育、宣导类的设施建设，需要进行统一的现状整顿和新的规划设计引导，以完善功能、协调风格，恢复被破坏的自然景观和生态特征，使人工建筑设施实现适度发展，彰显自然景观的原始风貌。

综上所述，在风景名胜区进行建筑设施建设活动时经常会出现不利于景区发展、损害景区环境的现象，其根源主要在于：一是对风景名胜区的开发缺乏有力的监管，一切唯利是图，对旅游开发过于热衷，而对风景资源的保护则缺乏足够的重视，一些省市部门直属的培训中心、疗养院"来头"很大，风景名胜区无法有效的对他们进行监管；二是缺乏有效的规划，规划与设计水平不高，规划实施力度不大，规划与建设的监督不够；三是缺乏永续发展意识，只重视短期经济效益，忽视长远的社会利益；四是旅游项目以及风景区建筑设施的建设与开发随意性较大，从而破坏了风景名胜区风景资源的整体性[2]。对于旅游学、建筑学、风景园林学的研究人员以及设计者而言，如何有效提高规划水平，建立完善的风景旅游建筑规划设计与监管体系，切实做到规划与设计相衔接，并使其真正落到建设过程当中是当今亟待解决的问题之一。

1.2 概念的界定与发展历程

何谓风景？风景是在一定的条件下，以山水景物以及自然和人文现象所构成的足以引起人们审美与欣赏的景象。日出日落、黄山云海、太白积雪等均为一方风景。风景构成必须具备两个条件：一是具有欣赏的内容即景物，二是便于被人欣赏[3]。由此可以看出，风景是客观现象在人脑中的一种主观反映，且这种反映是积极与美好的，或者说是审美活动的主客体达到了高度统一。

---

1 王子新，邢慧斌. 旅游区城市化问题与对策探讨 [J]. 旅游学刊，2006（1）：77-80.

2 窦银娣，李伯华. 旅游景区城市化问题研究 [J]. 宿州学院学报，2007（8）：106-109.

3 付军. 风景区规划 [M]. 北京：气象出版社，2004: 12-14.

1.2.1　风景名胜区与相关概念

1.2.1.1　何谓"风景区"

关于"风景区"的称谓，我国曾一度比较混乱、叫法很多，如自然风景区、旅游风景区、风景游览区、风景旅游区、风景保护区等，大都是在"风景"前后加一个词来表达某种更具体、更特定的含义。1985年，国务院在有关条例中规定了"风景名胜区"的特有含义，不但具有言简意赅的优点，而且有较好的历史延续性和较强的发展适应性。按照《风景名胜区规划规范》GB 50298—1999的定义，风景区（风景名胜区）是指风景资源集中、环境优美、由自然或人文历史组成的名胜古迹，具有一定规模和游览条件，可供人们游览欣赏、休憩娱乐或进行科学文化活动的地域。中国的国家级风景名胜区（National Park of China）的概念则对应于国外的"国家公园"（National Park），或者日本的"自然公园"（Natural Park）。

中国共产党十八届三中全会提出"建立国家公园体制"，让国家公园首次进入中国最高层面的政策话语中。目前，我国正在进行"国家公园"的试点工作，正式的"国家公园"体制尚未建立[1]。作为"国家公园"的重要建设来源，我国建立"风景名胜区"，与国际上建立"国家公园"制度一样，是要为国家保留一批珍贵的风景名胜资源（包括生物资源），同时科学地建设管理，合理地开发利用。可见风景名胜区的概念属于保护范畴，保护的是稀有自然资源与前人留下的珍贵古迹，同时，合理的开发利用也是在保护的前提下进行的永续发展模式（图1-5）。

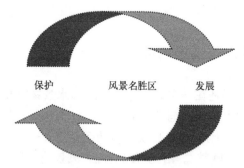

保护　　风景名胜区　　发展

图1-5　保护与发展是风景区永续发展的两大主题
（资料来源：作者绘制）

自1996年开始，建设部会同有关部门组织向联合国教科文组织申报

1　引自国际在线——中国正酝酿国家公园体制试点，专家建议应设立标准立法先行 . http://gb.cri.cn/420
71/2014/07/11/6891s4612242.htm.

世界遗产工作，截至 2014 年 6 月，我国共有 47 处国家重点风景名胜区被列为世界遗产、列入《世界遗产名录》。根据等级、规模、功能等不同的分类方式，我国的风景名胜区大体可以分为以下种类（表 1-1）。

风景名胜区的分类（资料来源：作者整理） 表1-1

分类方式	风景名胜区的分类
等级特征	国家级风景区、省级风景区
用地规模	小型风景区、中型风景区、大型风景区、特大型风景区
景观特征	山岳型风景区、峡谷型风景区、岩洞型风景区、江河型风景区、湖泊型风景区、海滨型风景区、森林型风景区、草原型风景区、史迹型风景区、革命纪念地、综合型风景区
功能设施	观光型风景区、游览型风景区、休假型风景区、民俗型风景区、生态型风景区、综合型风景区

1.2.1.2 风景名胜区与城市公园、旅游区以及国家公园等相关概念

与"风景名胜区"相类似的概念主要有"城市公园""森林公园""自然保护区""旅游景区"以及来自国外的"国家公园"等，这些概念都具有为居民提供游憩、赏景等基本功能，但却在规模大小、隶属关系、景观特征等方面有着不同的注解与定义（表 1-2）。隶属于建设部门的城市公园多位于建成区中，主要设置目的为城市居民的日常休憩、娱乐服务；森林公园一般多位于城市郊区，属于林业部门管辖，与城市有较便捷的交通联系，主要为城市居民节假日和周末提供游览、休闲度假的场所。风景名胜区则一般远离城市，风景类型与规模更多、更大，属于建设部门管辖，需要较长的旅行时间和假期才能游赏[1]。

在日常生活当中，人们常混淆"风景名胜区"与"旅游区"的概念，此外风景名胜区的最主要功能是为人们提供旅游活动的对象与空间，而恰恰忽视了风景名胜区最重要的环境保护的职能。

根据《旅游规划通则》[2] 所述，所谓的"旅游区"，则是以旅游及其相关活动为主要功能或主要功能之一的空间或地域，它包括了旅游对象，也包括为旅游者提供旅游服务的各种基础设施，是由具有共性的旅游景点和旅游接待设施组成的集合。所以旅游区的概念属于开发范畴，提供人们以进行旅游、游乐活动的资源。风景名胜区内可以开展旅游活动，但旅游活动

1　付军.风景区规划 [M].北京：气象出版社，2004: 15-18.
2　GB/T 18971—2003.旅游规划通则 [Z].北京：国家旅游局，2003: 2-4.

却不一定都发生在风景区的范围之内。风景名胜区并不是唯一的旅游资源，从永续发展的观点上来讲，对其进行开发的前提应该是对自然资源的保护与教育引导。

风景名胜区相关概念比较（资料来源：改编自付军《风景区规划》）　　表1-2

类别	功能	景观	位置	面积	归属
城市公园	日常游憩、娱乐	人工栽植	城市建成区	小	住建部门
森林公园	周末、节假日游憩、娱乐	森林景观、人工景观	城市远、近郊	较大	林业部门住建部门
风景名胜区	假期游览	自然景观、人文景观	远离城市	较大	住建部门
自然保护区	科学研究、物种保护	自然原始状态	远离城市	较大	林业部门
旅游景区	游憩、娱乐	自然景观、人文景观	远离城市	较大	旅游部门

发源于美国的"国家公园"概念，是指具有国家代表性的自然区域或人文史迹。西方的国家公园不同于我国的风景名胜区，也不是民众一般理解的公园，它是以不损害环境与自然资源为前提，向公众开放的，包括科研、教育、游憩等，虽然可以在里面修建一些公共设施，但却不得开采或占有。换言之，国家公园建设的主要目的是保护，而风景名胜区的建设目的是在保护的前提下进行观光旅游活动（表1-3）。

本书所指的"风景区"则取"风景名胜区"的含义而简称之，并强调自然风景优美，且具有一定的自然保育与教育意义的自然风景区。根据历史发展的脉络和不同时期内的社会需求，学界习惯将风景区内的组成分解为24个因子，并分别将其归类为三大组成要素（表1-4）。

第一个组成要素是"游赏的对象"，是风景区内能够激发游览者身心反应的风景环境和景物，是风景区的主要游览内容和目的。广义的游赏对象囊括的内容广泛，是风景区游览价值的决定性因素。狭义的游赏对象指8类景源，即天景、地景、水景、生景、园景、建筑、史迹以及风物。

第二个组成要素是"游览设施"，是风景区为开展旅游活动而建设的基础设施，为游人的游览提供物质保障。使用的便利性是游览设施的基本要求，游览设施不仅能够满足游览的基本需求，也能够体现出风景区自身的管理和运营水平。游览设施的建设应能够与风景区自身特色、风格定位、管理模式相吻合。根据功能不同，游览设施主要包括旅行、游览、饮食、住宿、购物、娱乐、保健、其他8大类。

风景名胜区与旅游景区的对比（资料来源：作者整理）　　　表1-3

项目	风景名胜区	旅游景区	国外国家公园
资源属性	风景名胜资源是国家特有的、珍稀的，且不可再生的国土资源	凡具有休闲、休憩、娱乐、观光、购物、度假功能的都可作为旅游资源，风景旅游资源是旅游资源的组成部分。旅游资源并不全为国家所有，个人、集体都可以拥有	具有国家代表性的自然或人文保护区域
性质	是国家的一项社会公益性事业，社会效益是放在第一位的，具有行政性管理性质	是经济产业，其发展可以依靠市场经济规律自发地调节，其投资和收益等可由市场来决定，不需要政府过多的干预	供游人旅游、娱乐、进行科学研究和科学普及的一所大自然露天博物馆或自然保护区
发展目的	始终以保护为前提，目的是保证风景名胜的"永续利用"，风景名胜区的开发建设并不以追求最大的游客量和最大的经济效益为目的	更多的是遵循市场经济规律，服务游客和获取较高额的收益是旅游发展目的所在	切实保护好国家公园的自然景观资源和人文景观资源；向国民提供宣传、讲解、培训、科普知识等方面的服务，把国家公园当作一个大自然博物馆
发展原则	在"严格保护"下的发展，即不能以损害、破坏风景名胜为代价，开发要有度，建设要控制。接待游客数量最主要的考虑是风景名胜区的合理容量，以不破坏资源为基本前提	希望游客越多越好。旅游部门在考虑游客人数的时候，重点和首先考虑的是游客数量的增加会不会造成拥挤、带来不安全	在自然保护的前提下，在旅游环境容量允许的范围内，有控制地向游人开放

风景名胜区的组成（资料来源：作者整理）　　　表1-4

基本要素		组成因子
风景名胜区	游赏对象	天景、地景、水景、生景、园景，建筑、史迹、风物
	游览设施	旅行、游览、饮食、住宿、购物、娱乐、保健、其他
	运营管理	人员、财务、物资、机构建制、法规制度、目标任务、科技手段、其他未尽事项

　　第三个组成要素是"运营管理"，是风景区发展与活力体现的软件部分，与风景区自身特征、社会需求、市场变化相适应的运营管理方式则能够有利于风景区的永续发展，相反，不合时宜、效率低下的运营管理则可能限制与降低风景区的进一步自我提升。运营管理主要包括人员、财务、物资、机构建制、法规制度、目标任务、科技手段及其他未尽事项8类因子。

1.2.2 风景旅游建筑及其分类

由前述风景区的组成因素中可以看到，所有的风景区都离不开建筑，且建筑有可能出现在"游览对象"和"游览设施"当中，为描述方便，姑且称之为"风景区建筑"，即处于风景名胜区内的建筑物，其主要由两大部分组成，"传统建筑"和"风景旅游建筑"。其中的"传统建筑"包括历史性保留的宗教建筑、祭祀建筑以及民居建筑，这类建筑经过几十年甚至千百年与风景区自然环境的交融，已经成为风景区内不可分割的人文景观与文化遗产；而"风景旅游建筑"则是指游览设施中以建筑物的形态出现的这一部分，按照使用功能的不同，风景旅游建筑主要可以划分为管理服务类、公共服务类、住宿疗养类、景观休憩类、急难救助类等五大类型（图 1-6）。

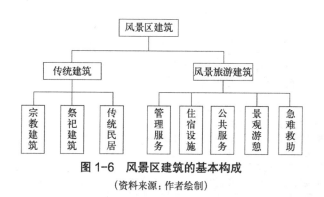

图 1-6　风景区建筑的基本构成

（资料来源：作者绘制）

换言之，本书中的"风景旅游建筑"是指，在风景名胜区内，为了进行观光、游憩活动并为之服务而建设的建筑类配套设施，其建设的前提是不破坏风景区的自然资源，并尽可能地展示风景区的优美风景，体现风景区永续发展的基本原则，风景旅游建筑是风景名胜区重要的组成部分[1]。风景旅游建筑的主要组成与包括的建筑类型如下所示（图 1-7）。

与风景区内其他旅游设施相比，风景旅游建筑对于风景区环境的影响更为显著，是人工力量与自然抗力最为敏锐的交叉地带。如一栋新建的游客中心，可能会将城市生活中的购物、展览、交流等多重功能融合一身，形成规模庞大的单体建筑或者功能繁杂的建筑群（表 1-5）。

与城市建筑相比，风景旅游建筑因为其所处的位置特殊而显得更加容易受到自然环境的影响与限制，所以其最重要的设计出发点就是对于风景区环境的响应。也就是在环境承载力的允许下，如何以人类物力之所能来

1　Nie Wei, Kang Chuanyu, Dong Liang. Study on Integrated Design of Building Facilities in Scenic Areas [J]. Journal of Landscape Research，2013（9）：5-6,10.

满足人类游憩活动的需求，而城市建筑则是相应地满足人类的城市生产与生活需求。而与传统园林建筑相比，风景旅游建筑则功能更加复杂，规模更加庞大，具有现代城市建筑的一些特征（表1-6）。

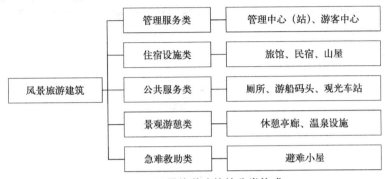

图1-7 风景旅游建筑的分类构成

（资料来源：作者绘制）

风景区建筑类设施与其他设施的对比（资料来源：作者绘制）　　表1-5

风景区设施类型	规模	功能	影响	举例	共同点
建筑类设施	大	复杂	较大	游客中心	为风景区的游憩与保护活动提供服务
其他设施	小	单一	较小	指示牌	

风景旅游建筑与传统园林建筑、城市建筑的对比（资料来源：作者绘制）表1-6

	规模	功能	限制条件	建筑材料	服务面向	共同点
风景旅游建筑	不定	简单	自然环境	现代、传统建材	游憩活动	以物力之所能及与环境承载能力来满足人类需求
传统园林建筑	较小	简单	人工、自然环境	传统建材	游憩活动	
城市建筑	较大	复杂	人工环境	现代建材	城市生活	

对于人居环境的分类，国内外学者早已对"自然"的概念进行了分层级的讨论。在西方，未经人类开垦的荒野、郊外属于"第一自然"，乡村田园属于"第二自然"，文艺复兴以后的园林建设属于"第三自然"[1]。在国内，也有将园林列入"第二自然"的[2]。那么，我们的风景名胜区则可被界定为"第一自然"与"第二自然"之间，处于荒野与乡村环境之间的过渡阶段。

1　伊丽莎白·巴洛·罗杰斯.世界景观设计：建筑与文化的历史[M].北京：中国林业出版社，2005：25-28.
2　王向荣，林菁.自然的含义[J].城市环境设计.2013（5）：130-134.

或者我们可以用下图来形象地表示城市、乡村及风景区这三大人类栖息地之间的空间关系与联系（图 1-8）。乡村是整个人居环境的原点，其处于人工化环境与自然环境之间，随着人类社会文明的进步与发展，逐渐出现了人工化、复杂的城市聚落，与之相反的是处于坐标轴另一端的风景区，因其处于不利于发展工商业的区域而保留住了完整的自然环境，成为城市居民游憩休闲的重要场所，其中的建筑物的规模大小以及分布密度可以如图 1-8。

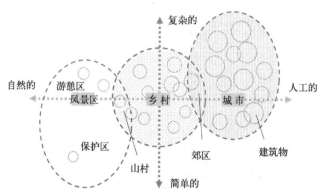

图 1-8　人类三大栖息地的空间关系示意图

（资料来源：作者绘制）

1.2.3　风景旅游建筑相关概念辨析

经过前面对于"风景旅游建筑"这一概念的界定与分析，我们了解了风景旅游建筑的基本含义与特征，但是，为了更加明确本书的研究内容以及对象内涵，与"风景旅游建筑"相关的"风景建筑""旅游建筑""景观建筑"以及"园林建筑"这几个概念也需要进行一定的了解与辨析。

1）风景建筑

对于"风景建筑"的概念，目前学界没有一个官方的具体定义，而是处于一种见仁见智的状态。杜顺宝认为"风景建筑"是"处于风景之中，为人们观赏美景提供场所，同时也是被观赏的对象"甚至"那些具有观赏价值而同时附有其他功能的建筑也可纳入此类"[1]风景建筑是与其周边环境具有紧密关系，同时又具有自身功能的这一类建筑。换言之，风景建筑是处在风景优美区域的景观建筑，它除了具有欣赏周边风景的功能外，又能够不影响原始自然风景，甚至能够起到点景的作用。撇开观赏性的功能，

1　杜顺宝.风景中的建筑 [J].城市建筑，2007（5）：20-22.

只要是处于风景优美的环境之中，同时又能够成为人们观赏对象的这一类建筑，都可以被列入风景建筑的范畴[1]。

"风景建筑"不一定是"风景旅游建筑"，也有可能是处于风景区内的传统保留建筑，风景区内的旅游建筑设施也不一定能够达到"风景建筑"的高度，"风景建筑"具有一定的情感色彩，而"风景建筑"应该作为风景区内的旅游建筑设施规划设计的最高目标，只有做到与环境有机整合并且成为自成风景的风景区旅游建筑设施才能够称得上是"风景建筑"和"风景旅游建筑"，这也是本书的理论出发点和实践落脚点。

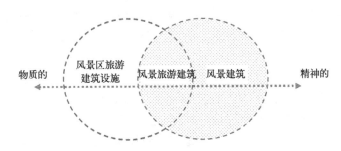

图 1-9　风景旅游建筑与风景建筑的范畴关系

(资料来源：作者绘制)

2）旅游建筑

关于"旅游建筑"的概念界定，主要由建筑学界和旅游学界这两大学科阵营在进行。建筑学教授卢峰认为"旅游建筑是以旅游宾馆、酒店为中心而形成的住宿、休闲、餐饮、娱乐、会议、康体等系列服务性设施"[2]，但却忽视了旅游景区中为旅游活动开展而建设的游客中心、休闲亭廊等[3]；从事旅游研究的马辉涛认为，旅游建筑"主要包括建筑吸引物、景观小品以及以建筑形式出现的基础设施等处于旅游区内的建筑，"此外处于旅游区外的、区域附近中心城市和客源地的和出行有关的建筑，都被其视为旅游建筑系统的主要构成[4]。旅游建筑不仅是能吸引游客的景观建筑，还包括为旅游活动提供物质保障的其他建筑。

著名学者喻学才教授认为"旅游建筑指的是现代旅游业的经营者们为了满足旅游者食、住、行、游、购、娱六大需要而投资兴建的建筑以及利

1　王雪然.风景建筑刍议[J].华中建筑，2010（8）：182-184.

2　卢峰.当代国内旅游建筑创作的地域性表达[J].室内设计，2010（1）：56-59.

3　耿创，聂玮.试论旅游建筑[J].四川建筑，2013,33（5）：50-52.

4　马辉涛，徐宁.区域旅游开发中旅游建筑系统研究[J].河北省科学院学报，2006,23（3）：41-43.

用传统建筑中其他功能退化、游娱功能突出的那些建筑的总和"[1]。由此可见，无论是从建筑学还是从旅游学角度来看，旅游建筑都被认为是一种物质功能性大于精神意义的建筑类型，更多的是满足旅游活动的功能需求，而非强调所处环境以及景观性，与本书所探讨的"风景旅游建筑"有一定的内涵差别。

3）景观建筑

"景观建筑"一词，可以有两种不同范畴的释义，一种是作为一门学科或者专业分类，或称"景观建筑学"（Landscape Architecture）、现称"风景园林学"，意指"关于土地和户外空间设计的科学和艺术，是一门建立在广泛的自然科学和人文艺术学科基础上的应用学科"。它通过科学理性的分析、规划布局、设计改造、管理、保护和恢复的方法得以实践，其核心是协调人与自然的关系[2]。

而"景观建筑"的另一种范畴释义，意指那些精神功用超越物质功能，且能够装点环境、愉悦人们心灵的建筑，或者满足一定的物质功能，但满足精神功用分类更大的建筑[3]。换而言之，景观建筑并非是按照物质功能进行分类的一种特定建筑类型，而是强调建筑所具备的一种精神效用，是具有观赏性、能够作为一道景观的建筑物或者构筑物。所以，风景旅游建筑应该是属于景观建筑的范畴，是景观建筑这一大类中的亚类构成。

4）园林建筑

狭义的"园林建筑"是指中国传统园林中的建筑类型，而广义的"园林建筑"则是泛指建设中风景优美的环境之中如园林、城市绿化地段供人们游憩或观赏用的建筑物，并具备较高的观赏价值和审美高度。常见的传统园林建筑有亭、榭、廊、阁、轩、楼、台、舫、厅堂等，园林建筑的建设不仅为游人提供了视觉上、感官上的欣赏对象和赏景空间，也为人们打造了满足游憩活动的建筑场所[4]。

从概念界定来看，园林建筑类似于风景建筑，两者之间又存在微妙的差别，园林建筑在我国已经具有悠久历史，且形成了一定的约定俗成的做法和专著，早在明代就已经出现了造园的景点著作《园冶》[5]，并对园林建筑的营造进行了一定的经验总结。而风景建筑则并未形成系统化的理论研究和固定的做法，仍处于小众化、边缘化、交叉性的学科研究范畴当中。

1　喻学才．论旅游建筑的意境美 [J]．华中建筑，1995（3）：26-29.

2　高等学校风景园林学科专业指导委员会编．高等学校风景园林本科指导性专业规范 [M]．北京：中国建筑工业出版社，2013: 9-11.

3　王胜永．景观建筑 [M]．北京：化学工业出版社，2009: 5-6.

4　秦岩．中国园林建筑设计传统理法与继承研究 [D]．北京：北京林业大学，2009: 3-4.

5　（明）计成．陈植注释．园冶注释 [M]．北京：中国建筑工业出版社，2009.

综上所述，我们可以分别从所处位置、设计取向、服务面向、环境取向以及类型举例等方面，将风景旅游建筑与风景建筑、景观建筑、园林建筑以及旅游建筑进行横向比较（表1-7）。此外，运用图示语言来表达这几种不同概念之间的从属、交叉等关系，从而更好地界定风景旅游建筑的概念，使得本研究的对象更加明晰与确定，如景观建筑能够囊括园林建筑的范畴，风景建筑与旅游建筑的交集便是风景旅游建筑等（图1-10）。

风景旅游建筑与相关概念的比较（资料来源：作者绘制）　　表1-7

	所处位置	设计取向	服务面向	环境取向	类型举例
风景旅游建筑	风景区或自然风景	功能与精神并重	服务于旅游活动	与环境相融、自成风景	游客中心、游船码头等
风景建筑	自然风景	精神性	服务于赏景休憩	与环境相融、自成风景	风景亭廊等
旅游建筑	旅游景区	功能性	服务于旅游活动	无	游客中心、旅游公厕等
景观建筑	城市或景区	精神性	不限	无	景观亭廊等
园林建筑	园林或城市绿地	功能与精神并重	服务于赏景休憩	与环境相融	园林亭廊等

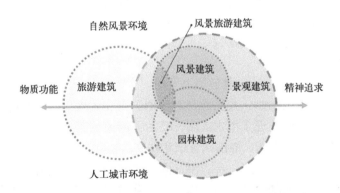

图1-10　风景旅游建筑与相关概念的关系示意
（资料来源：作者绘制）

1.2.4　我国风景旅游建筑的发展历程

1）五帝以前——中国园林建筑之萌芽

上古人类以渔猎、采集为生，或穴居或巢居。"上古之世，人民少而禽兽众，人民不胜禽兽虫蛇，有圣人作，构木为巢，以避群害"。这时期的人类，仅是栖身于大自然的一员。游动中的种群部落，处在为生存和温饱而争斗的状态，尚未形成独立于自然的人工环境（图 1-11）[1]。

图 1-11　西安半坡遗址穴居与河姆渡遗址干栏式建筑复原

（资料来源：互联网）

伴随着远古的自然崇拜，历史步伐进而孕育演绎出天地神灵与宗教、名山大川与领土、山水风光与审美等意识的萌芽。公元前 5000 ～前 3500 年的河姆渡文化遗存中，出现了干栏式建筑、盖有井亭的水井遗址等，标志着人类社会形成了独立于自然的人工环境，也印证着人类的早期审美活动，从而也为风景区建筑设施的起源埋下了伏笔。据《史记》记载，轩辕黄帝是驯养和训练野生动物的开启式人物，"轩辕乃修德振兵，……教熊罴貔貅躯虎，以与炎帝战于阪泉之野。"将这些野兽训练成作战的猛兽，其动物驯养水平不言而喻，而这些驯养场地，也正是在大自然环境中建立人工"圈"的开端，其中建设起来的辅助建筑可以看作是现代风景旅游建筑的最早溯源。

2）夏商周——中国园林建筑之发端

记载中的大禹治水，其实质是对我国国土和大地山川景物的首次规划与综合治理。不仅治理了洪水灾害，整治了河道使其通海，还将国土区划成九州，并形成了中华大地山川骨架和秩序。

公元前 17 ～ 11 世纪，台、沼、囿、园圃等人工设施的出现，标志着人们在游憩娱乐活动中对于空间围合、遮蔽休憩的需求，也是现代风景旅游建筑的最初原型（图 1-12）。其中对于这一类建筑设施具有文字记载的为公元前 11 世纪殷纣王建造的鹿台和沙丘苑台，紧随其后的周文王的灵台、灵囿、灵沼已具有中国园林的四大基本要素——山、水、生物与建筑[2]。而其中的"台"，可以看作是现代风景旅游建筑的最初原型，东周时期以台

1　张国强．风景规划——风景名胜区规划规范实施手册 [M]．北京：中国建筑工业出版社，2003：34-36.

2　张国强．风景规划——风景名胜区规划规范实施手册 [M]．北京：中国建筑工业出版社，2003：48-50.

为中心而构成贵族园林的情况已经非常普遍，从而也形成了中国古典园林建筑在园林中的核心地位。

图 1-12　东周章华台遗址示意图与复原效果图
(资料来源：互联网)

由此可见，风景区建筑设施的发端是紧随中国古典园林而出现的，人们对于风景区中建筑设施的需求是古已有之。中国风景区建筑设施是随着中国古典园林中的园林建筑而出现的，可以说，园林建筑是中国风景区建筑设施的前身，但是由于经济、社会的发展而出现了不同于古典园林建筑的空间需求与形式需求。

在中国传统园林的营造过程之中，经常会把建筑与山水、植被等要素作为一个整体进行考虑，利用自然环境并模拟大自然中的风景，通过匠人们的加工、提炼，创造出高于自然且将人工美与自然美统一于新的基础之上的体形环境，做到赏心悦目、丰富变化且"可望、可行、可游、可居"。中国传统园林既能够满足人们的物质生活需求，又能够成为满足精神需求的一种艺术综合体[1]。

3) 现代风景旅游建筑的两大发展来源——寺观园林建筑与皇家园林建筑

魏晋南北朝时期，寺观园林作为一种独立的园林类型而出现，东晋太元十一年，建于庐山的东林寺，开启寺观园林的开端。佛寺中出现本应该出现在住宅中的山水园林则归因于贵族士大夫的"舍身入寺"或"舍宅为寺"，正因为他们为求超度西天极乐世界，从而推动我国早期寺庙园林的出现并由此推广开来。

佛教传入我国，很快就与我国的传统文化相融合，形成了"中国化"的佛教。最初的佛寺就是按中国官署的建筑布局与结构方式建造的，所以虽是宗教建筑，却不具有印度佛的崇拜象征——窣堵坡（Stupa）瓶状的塔体及中世纪哥特教堂的神秘感，而成为中国人的传统审美观念所能接受的、

1　冯钟平. 中国园林建筑 [M]. 北京：清华大学出版社，1988：15-18.

与人们正常生活有联系的、世俗化的建筑，也显示了中国传统园林建筑中"以人为本"的基本营建思想。

在公元第4、第5世纪，我国佛教建筑的模式已经基本定型，形成了以山门为起点、以大雄宝殿为核心建筑的轴线分布的形制。这些佛教寺庙建筑为广大庶民以及香客提供了进香、游憩、社交的公共场所，同时也为风景区、都城的空间景观进行了较好的点缀，是现代风景旅游建筑基本功能的雏形期与发展期。

从北魏时期开始，许多著名的寺庙、佛塔等宗教建筑都选择在风景优美的名山大川兴建。原来就美的风景区，有了这些寺、塔等人文景观的点染，更觉秀美、优雅，寺庙从虚无缥缈的神学转化成了现实自然美的艺术。游山逛庙，凡风景区必有庙，游风景也就是逛庙[1]。

到了隋代，大型皇家园林布局的基本构图雏形已经形成，即园中分景区，建筑按照景区形成独立的组团，其中以隋炀帝兴建的西苑最为华丽与宏大。据《大业杂记》记载："苑内造山为海，周十余里，水深数丈，上有通真观、习灵台、总仙官，分在诸山。风亭月观，皆以机成，或起或灭，若有神变，海北有龙鳞渠。届曲周绕十六院入晦。"可以看出，西苑是以大的湖面为中心，湖中仍沿袭汉代的海上神山布局。湖北面的若干极具特色的小院落被蜿蜒曲折的水流分隔环绕，成为特色鲜明的苑中之园。"其中有逍遥亭，四面合成，结构之丽，冠于今古"[2]。

唐代是我国古代经济、社会发展的鼎盛时期，同时唐代的皇家园林建设甚至城市公共景区的建设都达到了历史的高峰，并出现了我国最早的城内公共绿地的建设。长安东南隅的曲江，利用低洼地疏凿，扩展成一块公共风景游览地带，其中点缀的建筑设施有亭、廊、台、榭、楼、阁等各种形式，供居民前来休息、观赏之用。唐代的华清宫，出现了皇家园林建筑设施的新类型，即以温泉建筑为代表的享乐主义建筑设施，建筑设施的功能性得到了强化，宫中建筑建造形式与清代的离宫式皇家园林相似，建筑与山水相融，宫苑结合，并能够根据山势的变化而错落起伏。隋唐时代，苏州郊外的石湖、灵岩、虎丘、枫桥和洞庭东山、西山等处都已开发为提供风景游览的区域（图1-13）。

佛教在唐朝得到了进一步的发展而达到了极盛时期，其主要特点是宗教建筑的重心从都城转向自然风景之中，并大规模兴建了寺庙、佛塔以及石窟等。形成于东汉末年的道教在唐代也再度兴起，道观通常选取地理环境优美或地形险峻之地来象征仙家气质。宋朝以后，儒道释三家

1　冯钟平.中国园林建筑[M].北京：清华大学出版社，1988：23-25.

2　冯钟平.中国园林建筑[M].北京：清华大学出版社，1988：28-31.

融合，道教的特点被弱化，宗教圣地一般都混合占有，建筑的布局与特征差异甚小。

北宋时期，工商业发达，城市建设大为发展，造园之风盛行，艮岳和金明池是其中最为著名的皇家园林。艮岳在造园与建筑营造中出现了一些新的特点：首先，把人的主观情感、对自然美的认识与追求植入了园林建筑的创作中；其次，从自然环境出发，综合考虑园林建筑的选址布局，应景而置，通常在山岳顶部设置亭廊来把控景点并借以观景。依山水特色，布置满足不同需求的园林建筑；这些特点都为明清时期的皇家园林建设奠定了坚实的基础。据宋画《金明池夺标图》所示，池岸建有临水的殿阁、船坞、码头等，池中央有岛，岛上建圆形回廊及殿阁并以桥与岸相连。由于池中举行赛船游戏，供皇帝观览，所以金明池的布局和一般自然山水有较大差别。

图 1-13　虎丘临摹

（资料来源：《南巡盛典》）

图 1-14　金明池夺标图

（资料来源：互联网）

宋代的寺庙园林也为湖光山色增添了浓厚的文化色彩。最著名的佛寺有灵隐寺和净慈寺，它们的环境都极优美、清静，与余杭径山寺、宁波天童寺、育王寺同列为"禅院五山"。矗立于西湖风景区的还有三座名塔——坐落在月轮山上，雄视钱塘江的六和塔；挺拔在宝石山上，倩影倒映于西子湖的保俶塔；位于南屏山支脉雷峰上，塔影横空、老苍突兀的七级雷峰塔，都起到点缀自然景色的突出作用，大大丰富了景色的体形轮廓线。从宋代起，"淡妆浓抹总相宜"的西湖成了全国最负盛名的自然风景区之一。

与唐代建筑雄伟刚健的气魄相比，宋代建筑多了几分秀丽、精巧。宋代的建筑形式更加富于变化，建筑类型更加多样，如宫、殿、楼、阁、馆、轩、斋、室、台、榭、亭、廊等，按使用要求与造型需要合理选择（图 1-15）。宋代的园林建筑活动更加强调自然美与人工美的统一，在选址布点方面讲

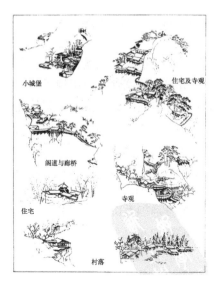

图 1-15 《江山秋色图卷》中的建筑
（资料来源：刘敦桢《中国古代建筑史》）

究应景而设。根据自然条件，按照主观愿望进行加工，打造具有浪漫情怀的、层次多变的体形环境。江南的园林建筑之中，强调与在地的山水相融合，创造了许多延续后代的创作手法。由于《木经》《营造法式》这两部建筑文献的出现，更推动了建筑技术及构件标准化水平的提高。宋代是中国园林与园林建筑发展历史上的一个重要时期，其完成了承上启下、理论实践相结合的重要历史阶段。

辽的统治者仿汉族建筑，学唐比宋修建都城、宫室，并依靠战争俘虏大量汉族工匠的奴隶劳动建造了一些美丽的、具有很高历史价值的佛寺殿塔。现存的河北蓟县独乐寺观音阁和山门、山西应县佛宫寺释伽塔等，即是那个时期建筑物的重要代表。

金的统治者暴戾奢侈，都城的规划、宫殿的制度等都参照北宋汴梁的形式，园林兴建之频繁与规模也不下于两宋。新建的宋中都，皇城处于大城中轴线上，其形式为皇城内有宫城，利用自然水体为宫城修建风景绮丽的苑囿，称之为"同乐园"，并在其中修建瑶池、蓬莱等风景点。总体来说，辽、金统治者由于原有文化水准的低下，进入文化水平较高的中原地区后，在建筑与园林的兴建方面还只停留在吸收、消化、模仿的初级阶段。

随着经济的恢复和发展，明代的园林与园林建筑在其近 300 年历史中又重新得到了发展。无论是在理论方面还是造园的技术方面，明代都在传承唐宋的基础上做出了新的贡献和发展，园林建筑的建造也分布于都市、乡野抑或北方、南方，也包括在风景区之中。清代的文化、建筑、园林基本上沿袭了明代的传统，在 267 年的发展历史中，把中国园林与园林建筑的创作推向了封建社会中的最后一个高峰。在全国范围内，园林数量之多、形式之丰富、风格之多样都是过去历代所不能比拟的，在造园艺术与技术方面也达到十分纯熟的境地。中国园林与园林建筑作为一个独立、完整的体系而确定了它应占有的世界地位。保留至今的中国古典园林、自然风景区、寺观园林多数是明、清时期创建的 [1]。

1　冯钟平 . 中国园林建筑 [M]. 北京：清华大学出版社，1988: 20-22.

杭州的西湖是我国著名的风景名胜园林之一。明中叶再次疏浚西湖，并取湖泥筑小瀛洲、湖心亭等，并在洲上建起亭、榭、楼、台、曲桥等，形成"岛中岛""湖中湖"的胜景。到清代，康熙帝六下江南，五次到杭州，乾隆帝六下江南，都到过杭州游赏。从此，进一步修缮寺庙，建孤山行宫，增设风景点，后来又在小孤山兴建了文澜阁、西泠印社等文化建筑，形成小园。楼阁、亭榭、宝塔、堤桥等园林建筑是构成西湖美景的重要元素，为其周边自然因素的秀丽增加了浓厚的人文色彩，起到了恰到好处的点缀。灵隐、岳庙、石窟等又为西湖增添了重要的建筑文化景观。这种形象的、情感的、精神的多层次的渲染和多元化的组合，才逐渐构成了西湖这个风景名胜园林美的最动人的本质特征。

图 1-16　西湖风景区中风景旅游建筑

（资料来源：作者拍摄）

4）市民旅游的加入——现代风景旅游建筑的出现

中华人民共和国成立以来，我国的风景园林事业进入了重要的发展时期，无论是事务范畴还是业务内容都出现了大的拓展和新的变化，动物园、植物园、公园等新鲜事物出现在了城市中的不同区域，居住区和郊区的绿地空间也随之而建，对原有园林的保护修复也是重要的工作组成。风景名胜区作为旅游事业的重要发展对象也得到了进一步的建设与开发。从规划选址、植物配景、建筑布局、空间组织等方面都做出了有力的尝试，为后续的旅游发展积累了经验。其中，园林建筑面向广大游人的需要，以新的技术和材料，在总结传统经验的基础上作了一些大胆的创造与革新，涌现出了一批令人注目、比较优秀的作品（图 1-17）。

改革开放以后，人民经济收入、生活水平得到了提高，尤其是可支配业余时间的增长使得旅游业得到了长足发展，风景区成为人们开展旅游活动的重要场所，风景旅游建筑也开始了自身建设与发展的重要阶段。随着近年来生态旅游、智慧旅游等新兴概念的出现，风景旅游建筑也随之走向了生态、智慧发展的道路，让风景旅游建筑的内涵变得更加丰富，无论是形式还是功能，都得到了前所未有的大发展，也使得风景旅游建筑的研究领域得到了拓展。

图 1-17　形式多样的现代风景旅游建筑

（资料来源：作者拍摄整理）

1.2.5　我国风景旅游建筑的现状与趋势

虽然说处于优美环境中的宗教建筑与皇家园林建筑是现代风景旅游建筑的两大基本来源，但是，无论是在数量分布、体量大小等方面，风景旅游建筑较古代园林建筑与宗教建筑都已经发生了深刻的变化。随着经济社会的发展，尤其是人们对旅游活动的热衷，风景区开展旅游活动的服务对象已经不是古代的香客或者皇室宗亲这么简单而小众化，建造工艺的提升、建筑材料的改进以及大众审美的变化都对风景旅游建筑的设计与建造产生了重要的影响，而我国风景旅游建筑也出现一些新的发展与趋势，其表现主要在以下几个方面。

1）数量激增化

随着风景区开展旅游活动的白热化，尤其是人们生活方式的转变，越来越多的城市居民选择将风景区作为休闲度假的目的地。在这种背景下，各级政府以及风景区管理部门为了响应这种游客数量上的激增，加大投入了风景区内各种旅游设施，其中最为重要的组成就是建筑设施，很多风景区旅游建筑项目接踵上马，让原本单纯的自然风光中激增了大量人工物。如世界地质公园、国家AAAAA旅游景区、国家重点风景名胜区安徽天柱山，近5年来为了适应天柱山旅游业的发展，先后进行了游客中心、景区接待服务区改造、索道站建设、景区宾馆、地质博物馆等建筑设施，使得旅游建筑设施在数量上出现了井喷的状况（图1-18）。

图1-18　天柱山风景区内近年建设的旅游建筑设施

（资料来源：作者拍摄整理）

2）面向大众化

从服务对象来看，古代的皇家园林和宗教建筑只为皇亲国戚、达官贵族服务，最多不过少量的进香朝拜者。在当时，平民百姓是不可以进入皇家园林的，所以其中的建筑设施面向的只是一小部分群体，而宗教建筑的使用者也基本上为固定的人群，且主要出现在庙会、节日等特殊日子。现在，来自全国甚至世界各地的游客都可能成为现代的风景旅游建筑的使用者与服务对象。而不同的旅游者，其出行动机、心理需求各不相同，在食、住、行方面也有着不同的标准与需求。因此，与古代的园林建筑和宗教建筑相比，现代风景旅游建筑变得更具有公共性和大众性。

3）体量规模化

传统的皇家园林、宗教建筑，其功能单一，只服务于极少一部分人，另外受限于古代的建造技术以及木材的资源匮乏，所以并不能完成类似于现代性的高技派建筑，甚至在规模上，平民建筑都要受到皇权的限制，不得超出应有的建设规模，因此，除了皇家园林外，其他的风景区建筑设施规模并不大。古代人的活动范围受限于当时的交通方式，所以公共建筑分布面与规模都不会太大。而现代风景旅游建筑在规模与分布面上都得到迅速扩大，其主要原因是功能的复杂以及使用人群的多样化。如台湾日月潭风景区向山游客中心建筑的基地面积达到 33344m²，建筑面积 5807.28m²，总楼地板面积 7118.66m²（图 1-19）。

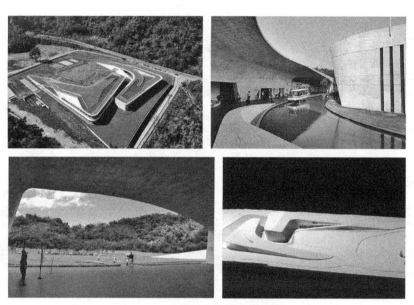

图 1-19　台湾日月潭向山游客中心
（资料来源：整理自东海大学建筑系）

4）功能复杂化

中国古典皇家园林建筑尤其是宗教建筑，其建设是出于人对自然美和生活美的追求及宗教的目的，功能则还是以独立的大空间为主要特征，更多的意匠则体现在园林的情趣和宗教建筑的意境创造上。无论是在选址布局，还是在建筑空间上，都追求一种神圣气氛来烘托宗教特征。相反，现代风景旅游建筑在保护自然资源的基础上更加注重建筑的使用功能，现代旅游业的发展对建筑功能方面也提出了更多复杂的要求。最终需要为游客提供舒适、方便且具有较高审美价值观的建筑环境。因此，现代风景区建筑设施与中国传统的园林建筑、宗教建筑相比，功能更加复杂了。

5）形式多样化

不同于传统皇家园林与宗教建筑具有固定形制与做法，由于科技的发展与大众审美的改变，物力之所能及的建筑能力已经足够使得现代风景旅游建筑在建筑形态、结构形式、材料构造等方面具有更多的选择，不同的风景区，根据自身特征以及旅游发展的主题性需要，风景旅游建筑的形式也变得五花八门、百花齐放，有仿生性的、地域性的以及各种现代主义风格的形式表达。

1.2.6　集成化规划设计与风景旅游建筑耦合系统

从 20 世纪 60 年代开始，对于现代的建筑设计方法研究大体经历了第一代到第三代的进展与变迁。以琼斯的系统论方法和拉克曼的相关决策域分析法为代表的第一代设计，其特点是认为设计是一个解决问题的过程，这里的问题可以通过将其分解为子问题来解决。"分析—综合—评价"被抽象提取出来成为代表设计过程的三个标准步骤，而这三者在整个过程中不断重复和循环出现[1]。

建筑活动的基本目的是为人类的生存与生活创造舒适的空间小环境，与此同时，要做好与周边大环境（自然环境）相协调共生的工作。现代建筑的诞生，不能逃离西方工业化时代所形成的机械式思维的指导，正因如此，现代主义建筑具有与生俱来的与环境不够协调、过分强调功能的劣根性，而生态主义思想为解决这种建筑问题提供了思考方向。

古代人类为了生存，历经穴居、巢居之后，按照巢穴的原理开始原始的建造活动，依靠直觉的观察和自身的体验，总结出建造房屋的方法，使用石材、木材建构生存的空间。随着文明与科学的进步，人类从传统的建造活动中总结适用于各类建筑的规范性做法，维特鲁威总结的西方建筑柱式，中国建筑从开间、进深以及斗拱的尺度来规范建筑的形制与规模，从而使建筑设计有了初步规范的方法。

1.2.6.1　生态主义与整体性建筑观

生态主义对西方近代科学的分析——归纳方法，特别是机械的线性思维方式和原子论的观点进行了扬弃。近代科学的方法主张把事物层层分解为它们的组成部分，直到不能再分解为止，然后以最小单位的性质和特点去推断、描述整体，把总体当作局部的简单相加。这种方法无异于把思维对象从整体上撕裂，然后孤立地考察其中的每一个碎片。与之相反，生态主义强调宇宙的整体性以及局部之间的相互依存性。此外，以非线性的自然形态作为存在方式的生态系统是现代生态学重要的研究对象之一。因此，强调系统的整体协同性、文化的多样化等是集成建筑设计观中非线性科学思维的特征（表 1-8）。

1　（美）琳达·格鲁特，大卫·王.建筑学研究方法 [M]. 北京：机械工业出版社，2005: 25-26.

	古代建筑设计 （19世纪以前）	现代建筑设计 （19世纪以后）	集成建筑设计
技术时代	前工业时代 （手工业）	工业时代 （自动化）	后工业时代 （信息与计算机网络）
技术水平	低级 （传统技术）	高级 （高新技术）	适宜 （传统与高新结合）
文化倾向	单一化 （高度整合和地方化）	多样性 （西方优越）	多样化 （基于文化互动）
外部交流	有限而缓慢 （地方贸易和移民）	全球性 （海洋、陆地交通、电信、航空、全球化网络）	
社会角色	专门化而稳定 （一生）	专业化但可变 （提升和再教育）	（多重角色基于变化的技术和持续的教育和训练）
决策结构	封建家长制	单一线性合作制	基于可持续发展为目标的团队合作制
建造体系	劳动力密集	资本和能源密集	多种技术的运用和协调
建成形态	与社会形态和气候同构	功能的混合和杂交的形态 （文化交流的产物）	为场所、目的和气候而制定

建筑设计方法的变迁（资料来源：张国强《集成化建筑设计》）　　表1-8

有什么样的建筑观就有什么样的建筑设计方法论，有人说"建筑师的盛宴，就是自然界的末日"（图1-20）。正如建筑大师摩西·萨夫迪（Moshe Safdie）所言，建筑是在特定的历史时期下，运用特定的材料、工艺，在特定的环境之中建造的有意义的建筑物，而不是建造不可造之物。

图1-20　建筑师从无到有：自然世界与人工世界
（资料来源：整理自互联网）

1.2.6.2　集成化规划设计

所谓的"集成（integration）"，其实就是将一些看似无关联的事物通过特定的形式集中在一起，使其发生关系，从而形成一个有机整体的过程。20 世纪 80 年代初，辛·凡德莱恩教授（Sim Van der Ryn）提出了"整合设计（Integrated Design）"概念，标志着建筑师将"集成思维"引入对生态建筑的研究[1]。"集成设计"则意味着多科性团队的合作与高效能的设计程序，其基本的理论观点则是"系统比个体更强大"。相比传统的生态设计，集成化规划设计具有集约性、系统性以及整体优化等特征[2]。

换而言之，所谓的"集成化规划设计"是一种在处理建筑规划与设计中复杂问题的一系列手段的最优组合，它既是一种建筑规划与设计的理念与立场，又是一种高效、整合的设计方法。

本书中所述"集成化规划设计"则可定义为：以一系列高效、整合的规划、设计策略达到风景旅游建筑回应自然、协调与整合自然以及与旅游活动相适应的一种设计理念与方法。也就是说，"集成化规划设计"的最终目标是达到"生态永续设计"，其手段是建筑与环境、建筑与人（行为）的"耦合"，实现途径则是系统"协同"。

（1）集成设计与整合设计、协同设计

"整合设计"就是"将自然系统的工作原理引入建筑规划与设计过程之中，强调设计模仿自然、和谐利用自然，并将其他形式的能量运用到建筑与环境设计之中，达到建筑可持续发展的目的"[3]。整合设计强调的是对建筑在环境空间上的响应与融合，属于设计立场的范畴。而协同设计建立在"协同学"理论之上，强调处理建筑设计这一复杂活动时的流程合作与协调配合，更多地体现的是对建筑设计过程在时间上的控制与管理，属于设计方法的范畴（表 1-9）。

集成设计与整合设计、协同设计的比较（资料来源：作者绘制）　　表1-9

设计方法	作用范畴	研究重点	价值取向
整合设计	空间的	建筑与环境	生态性
协同设计	时间的	团队合作与设计流程	高效性
集成设计	空间与时间的	建筑与环境、设计流程	生态、高效、永续

最初"集合设计（Integral Design）"的概念由西姆·范·德·瑞提出，之后赫尔佐格提出了"集成规划（Integrated Planning）"一词，规划设计界的"集成"思想经历了从小集成到大集成、从学科集成到多系统集成的发

1　辛·凡德莱恩.整合设计 [M].北京：中国建筑工业出版社，1981: 13-15.

2　[美]尤德森.J.绿色建筑集成设计 [M].姬凌云译.沈阳：辽宁科学技术出版社，2010: 47-48.

3　辛·凡德莱恩.整合设计 [M].北京：中国建筑工业出版社，1981: 15-17.

展过程，它是整体研究范式在建筑与规划中的体现。集成设计是一种以设计目标为导向的，将设计对象作为整体系统进行全生命周期式的设计流程与方法（图1-21）[1]。

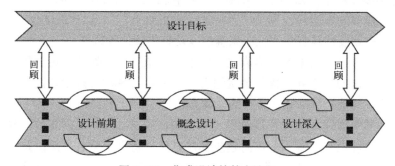

图 1-21　集成设计的基本流程
（资料来源：张国强《集成化建筑设计》）

集成设计的基本流程则是紧紧抓住设计的核心目标，在设计前期、概念设计以及深入设计阶段都不断回顾其内容，通过各专业、工种的合作，整合其各个设计阶段的成果并将其形成集成化成果[2]。

（2）集成化规划设计的特征

本书中的"集成化规划设计"则是综合了"整合设计"与"协同设计"的一种集大成者，将研究的范围同时扩展于时间与空间。既强调建筑与周边环境的协调与融合，又强调设计过程中高效的团队合作与流程管理，最终达到的目的是建筑物与环境的生态保持与永续发展[3]。

总的来说集成设计具有如下特征[4]：

①集成设计是一种以特定目标与技术集成为中心的设计过程，通过设计策略和技术的优化来获得设计方案与对象功能的动态交互关系；

②集成设计是基于信息的，而不是基于形式的。它并不规定设计对象应该是什么形态，而是通过设计保证它应该如何运转；

③集成设计是基于多学科的，它强调不同专业设计人员在不同环境下使用各种手段进行的同步对话，涵盖设计的所有方面；

④集成设计关注设计对象的全生命周期，涉及整个设计过程的各个不同阶段；

⑤集成设计是自组织的，其结果并不是固定的，而是更像一个生物有

1　栗德祥.生态设计之路——一个团队的生态设计实践[M].北京：中国建筑工业出版社，2009：113.

2　张国强，等.集成化建筑设计[M].北京：中国建筑工业出版社，2011：36-38.

3　[美]尤德森.J.绿色建筑集成设计[M].姬凌云译.沈阳：辽宁科学技术出版社，2010：47-48.

4　栗德祥.生态设计之路——一个团队的生态设计实践[M].北京：中国建筑工业出版社，2009：113.

机体，具有适应变化的条件并改善自身的性能。

通过前期对相关文献进行的探讨，可以得出以下结论：国内对于"风景旅游建筑"的概念界定并未得到统一，但差别无非在于范围的大小，不存在原则性的争议；而关于"集成设计""集成化规划设计"的概念，国内外不同学者也有着自己的见解，但最终的价值取向都归结于对于人类自身活动与自然环境的和谐统一的追求，以及通过集成设计的方法达到这一目的。但是通过"风景旅游建筑与场地、风景旅游建筑与人（游客）的耦合"，达到风景旅游建筑的集成化规划设计，目前还未有专门的论著进行探讨，本书则着力于填补这一研究领域的空白。

1.2.6.3 风景旅游建筑的耦合系统

"耦合"一词，原本是指一种物理现象，来自于物理学理论，即两个（或两个以上）系统或运动形式通过各种相互作用而彼此影响。同时也表示在各子系统间的相互依存、相互协调以及相互促进的动态关联关系 [1]。

系统之间的耦合一般发生于外界干扰作用下，其产生的必要条件主要有：一是子系统之间具有内在联系；二是子系统之间具有物质和能量上的异质性；三是要有联系各子系统的耦合途径。系统耦合可以通过人为手段干扰、调控和优化，使之达到最优的整体效益。而研究系统之间耦合关系的产生、协调、反馈及其发展的机理、规律、协同效应的理论则为系统耦合理论 [2]。

归根到底，耦合理论是整体观思想的体现，表达了系统之间或者物与物之间的两两关联与影响、制约等现象。作为衔接人类活动与生态系统这两大系统之间的桥梁，建筑设计尤其是在风景区中进行风景旅游建筑设计工作，则是影响甚至决定这两大系统耦合关系的重要方式与活动，风景旅游建筑的设计相当于系统耦合进程中的人为手段干扰、调控、优化施工和使用过程，从而达到提高建筑与环境（生态系统）整体效益的作用（图1-22）。

风景旅游建筑作为一个系统与其所处的自然风景环境系统之间存在着耦合关系，即风景旅游建筑的设计必须从所处的场地出发，与场地中的气候条件、地形地貌、植被条件以及文化特征相适应。反过来，建成后的风景旅游建筑将对场地的微气候、人文景观等产生重要影响，并成为场地中文化特征的重要组成部分 [3]。此外，人（尤其是游客）通过旅游活动的开展成为风景旅游建筑的重要参与者、使用者，同时又对风景区场地、风景旅游建筑产生重要的环境影响（图1-23）。

1　成玉宁，袁旸洋，成实 . 基于耦合法的风景园林减量设计策略 [J]. 中国园林，2013，(8) : 9-12.

2　朱莹 . 昆明近郊旅游与旅游地产的耦合发展研究 [D]. 昆明：云南财经大学，2012: 12-14.

3　聂玮，等 . 基于AHP的风景旅游建筑与场地的耦合度评价体系建构 [J]. 建筑科学与工程学报，2014,(3): 137-142.

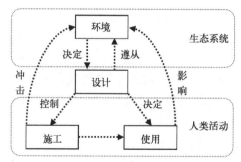

图 1-22　设计活动是联系生态系统与人类活动的桥梁

(资料来源：作者绘制)

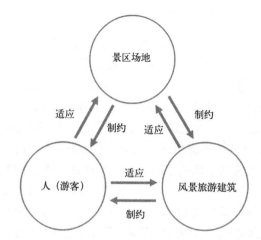

图 1-23　"风景旅游建筑—场地—人"耦合模型

(资料来源：作者绘制)

1.3　研究的目的与意义

1.3.1　研究的目的

　　本书通过对目前风景旅游建筑设计现状的分析与解读，立足于对风景旅游建筑的系统化研究以及规划设计方法的探讨，紧扣风景旅游建筑与场地环境的耦合关系、风景旅游建筑与游客行为的耦合关系这两大主题，对风景旅游建筑进行多维视野的解读与思考，寻求一条风景旅游建筑与风景区环境和谐共生、与旅游活动有机整合并形成与之对应的设计原则与一套完备的设计程序，以期提高风景旅游建筑规划设计的水平和理论高度，在满足旅行者旅游活动需求的前提下，使得风景旅游建筑成为风景区内一道新颖独特的风景。

1.3.2　研究的意义

1）理论方面

目前学界尚缺乏对"风景旅游建筑"这一概念精准而统一的界定，系统化的风景旅游建筑研究在理论上仍是一个空白。与之相关的风景建筑、景观建筑的研究也主要是在建筑学、风景园林学的学科范畴内进行探讨，而缺少与旅游活动相关联、与风景区环境相结合的研究，以及与之相对应的规划设计的理论成果。本书以风景旅游建筑为研究对象，以整体观思想为统领，结合集成化规划设计理论，立足建筑学、风景园林学的角度，打破专业局限，将建筑设计与旅游活动、生态环境等做出直接关联，以综合广阔的多维视野分析各因素之间的关系，提出了"风景旅游建筑"与"场地""人"的"耦合"理念，填补了"风景旅游建筑"研究的理论空白，丰富和完善了学科内容。另一方面，本书的成果有利于建筑学、风景园林学、旅游学、环境艺术学等多学科的交叉与融合。

2）实践方面

风景名胜区是人类观光旅游以及进行环境教育的场所，更是生态脆弱敏感的区域。人类在城市中的活动与建设足迹已经慢慢延伸至风景区内，在风景区内进行风景旅游建筑的生态耦合设计是人们达到的共识。本书通过对风景旅游建筑设计的原则、策略、手法、流程等多层面来实现建筑设计与环境、观光的耦合，总结归纳了风景旅游建筑设计的通则性理论，旨在减少景区内进行的建设性破坏的发生，有利于我国风景区的健康和永续的发展，具有良好的实践应用前景。本书形成的类型化设计导则，充分体现了理论与实践相结合的研究成果，对我国风景区建设具有重要的现实指导意义。

1.4　研究的内容与方法

1.4.1　研究的内容

本书是在旅游业大发展、大建设的背景下，响应中共十八大关于生态文明建设的提议，以风景旅游建筑基本理论及其规划设计方法为主要内容的研究与应用相结合的理论研究。将研究范围限定于自然风景优美的风景区内的旅游建筑，并提出了"风景旅游建筑"的基本概念，选取了国内外的典型风景旅游建筑的现状与归纳总结其发展规律。在结合相关理论研究的基础上，从多维度视野分析解读了风景旅游建筑规划设计的出发点与归宿点，总结了风景旅游建筑规划设计需要与场地、人共同形成三个层次进行考虑。在界定"风景旅游建筑"基本概念的基础上，创造性地形成了风景旅游建筑的理论研究体系。

理论研究阶段：提出了"风景旅游建筑—场地—人"三者耦合的规划设计模型，并相应地构建起风景旅游建筑与场地的耦合度评价体系，为风景旅游建筑的理想思考与规划设计提供了依据；运用心理物理学的研究方法，对风景旅游建筑的基本视觉要素进行分阶，并进行问卷调查，形成风景旅游建筑的视觉评价与分析方法，得出的结论以指导风景旅游建筑的设计。

田野调查阶段：以青城后山为研究基地，进行多次实地调查，通过对风景亭廊的图形图像记录、利用GPS进行地理坐标的采集以及游客的轨迹记录与行为观察，得到了定量分析多要素之间关联性的一手数据与资料。

数据分析阶段：运用时间地理学的理论，结合青城后山的实地调研，探讨了基于时间地理学风景旅游建筑规划方法体系，有效地拓宽了风景旅游建筑规划的方法论研究范式与理论指导；结合以上成果，形成了风景旅游建筑的规划设计方法。最后，通过对实践案例的规划过程的解析，为风景旅游建筑规划设计以及风景区建设提供了重要的理论支持与实际参考。

综上所述，本书的主要研究内容有：

1. 形成风景旅游建筑的概念与理论体系。

在对相关文献研究的基础上，对风景旅游建筑的概念进行了科学界定，并形成了与之对应的研究理论体系。

2. 总结国内外相关案例与成功的经验做法。

对国外的国家公园建筑设施规划设计理论与实践案例进行解析，并对台湾地区相关的做法进行思考与借鉴，提出适合于我国大陆地区的理论与实践方法。

3. 建立"风景旅游建筑—场地—人"的耦合模型。

创新性地建立了"风景旅游建筑—场地—人"的耦合模型，并分别探讨了风景旅游建筑与场地、风景旅游建筑与人的耦合模式与手法。

4. 构建风景旅游建筑与场地的耦合评价体系。

以"风景旅游建筑—场地"耦合模型为基础，通过层次分析法建立起风景旅游建筑与场地的耦合度评价体系。

5. 提出风景旅游建筑的视觉评价与分析方法。

以心理物理学方法为主要理论基础，通过问卷调查与数据分析的方式对风景旅游建筑进行了视觉评价与分析，得出了能够指导规划设计的结论。

6. 探讨基于时间地理学的风景旅游建筑规划方法。

借用时间地理学的方法，以青城后山的休憩亭廊为研究对象进行了风景旅游建筑与游客时空行为之间的研究，并得出了一些创新性的结论。

7. 形成风景旅游建筑集成化规划设计系统。

以前文为基础，形成了风景旅游建筑的规划设计方法体系，包括规划设计原则、规划设计流程以及具有示范性意义的规划设计导则。

8. 解析风景旅游建筑的实践案例规划设计过程。

结合笔者参与的实际案例，对风景旅游建筑的集成化规划设计流程进行解析，能够更加有效地指导将来的工程实践。

1.4.2 研究的方法

本书着眼于风景旅游建筑的理论与规划设计方法的研究，将物理学中的耦合理论引入到自然风景区内，全书在整体观思想、集成设计理论、耦合理论的统领下，结合文献研究、学科交叉、案例分析、田野调查、定量分析等方法进行研究。

1）文献研究

通过收集、学习与本书有关的游憩学、生态学、建筑学、风景园林学等跨学科、多方位的文献与学位论文，为研究的开展提供依据和参考，并初步形成风景旅游建筑的理论体系。同时，从期刊、论文中获得有关风景旅游建筑的案例，为案例分析总结提供素材。

2）学科交叉

风景旅游建筑的研究不仅仅是建筑形体、建筑功能等建筑学学科范畴的内容，而是涉及风景园林学、旅游规划学、人文地理学等学科，所以，在文献研究、理论体系的建构阶段，需运用多学科交叉的研究方法，尤其是环境心理学、时间地理学、环境行为学等社会科学方法，在本书中起到了重要作用。

3）案例分析

通过国内外风景旅游建筑的案例剖析与总结，归纳出在风景区建设与旅游开发进程中的风景旅游建筑规划设计和建设发展情况以及先进经验。此外，以实际案例的实践过程为重要解析部分，以佐证理论的可靠性与可操作性，因此，案例分析是本书的重要研究方法之一。

4）田野调查

为了得到风景旅游建筑的一手资料以及游客的行为特征观察数据，本书以青城后山为研究基地进行了多次的田野调查，通过对风景亭廊的图形图像记录、利用 GPS 进行地理坐标的采集以及游客的轨迹记录与行为观察，得到了定量分析多要素之间关联性的一手数据与资料。

5）定量分析

本书在对风景旅游建筑理论描述、定性研究的基础上，引用来自于心理物理学、时间地理学等学科的量化方法进行分析研究。对游客心理感知进行量化测度、行为轨迹的数据化处理，最终运用 SPSS 对数据进行统计分析，增加了研究的科学性与说服力。

1.5 研究的框架

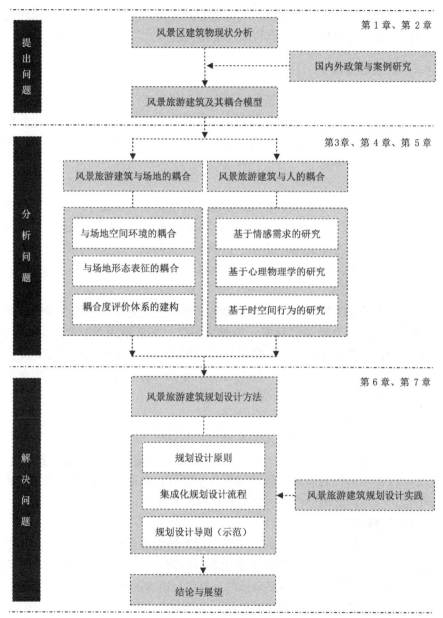

图 1-24　本书框架图

（资料来源：作者绘制）

第 2 章　国家公园相关政策与案例研究

本章将对国内外风景旅游建筑的研究现状、实际案例进行评述，这包括对我国台湾地区相关文献的研究与案例的实地调研，以及对台湾地区的经验进行深入的探讨。此外，对于风景旅游建筑相关的其他理论如整体观思想、现代景观规划、旅游规划、环境行为学等也进行了剖析，并对其在本研究中的理论意义进行了阐释。本章是后文进行科学研究的理论基础，进一步明确了本研究的基本方向。

2.1　美国国家公园建筑规划设计的相关政策

2.1.1　美国国家公园规划体系发展

"国家公园"，是指具有国家代表性的自然区域或人文史迹。自 1872 年美国成立全世界第一座国家公园——黄石国家公园以来，全球国家公园和保护区的总数量已经达到一万多个，总面积占据地球表面积的 13% 左右，并有持续增长的趋势（图 2-1）。虽然被划入国家公园及保护区范围而受到保护的土地已增加许多，然而，国际环保人士表示，在这其中许多区域正面对着因各种全球性问题而日趋严重的威胁，如全球性气候变迁、人口的增加以及外来物种的入侵等问题。针对这些问题以及旅游业的永续发展需求，一些国家和地区纷纷对国家公园的建设与发展进行了相关研究，并出台了一系列措施来实现国家公园永续发展目标的规划设计指导原则。

1910 年左右，美国开始了国家公园的规划实践工作，如以黄石国家公园为对象进行了步行道、游憩接待设施、管理用房等基础设施的建设规划（图 2-2），以此为模板，其他国家公园也开始效仿 [1]。由于社会背景以及国家公园事业的深刻变化，美国国家公园规划体系出现了多次政策性的变革，总体而言，美国国家公园规划经历了"物质形态规划"（20 世纪 70 年代以前）、"综合行动计划"（20 世纪 70 ~ 80 年代）以及"决策体系"（20 世纪 90 年代以后）三个阶段 [2]。

1　李如生 . 美国国家公园与中国风景名胜区比较研究 [D]. 北京：北京林业大学，2005: 9-12.

2　杨锐 . 美国国家公园规划体系评述 [J]. 中国园林，2003（1）：44-27.

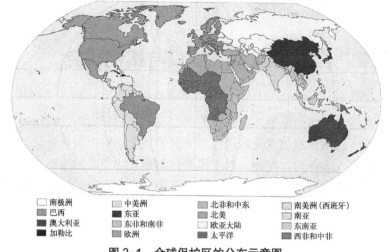

<figure>

□ 南极洲	中美洲	北非和中东	南美洲（西班牙）
巴西	东亚	北美	南亚
澳大利亚	东非和南非	欧亚大陆	东南亚
加勒比	欧洲	太平洋	西非和中非

</figure>

图 2-1　全球保护区的分布示意图

（资料来源：台北科技大学设计学院）

图 2-2　美国国家公园与国家步道游赏体系

（资料来源：李如生，2005[1]）

　　出现这三个不同的发展阶段的重要原因主要是由于管理者以及学者对于生态意识的加强、国家公园管理模式重组等深刻变革，而现行的决策体系的特色则体现在以下四个方面：（1）从宏观的总体规划，到微观的战略规划、实施规划、年度规划，形成一个完整的体系（图 2-3）；（2）规划体系的编制框架、内容、程序和目标等方面都以相关法律为依据和出发点，大大提高了规划的严肃性和权威性；（3）强调规划编制过程中的公众参与和环境影响评价，提高规划编制与实施的可行性和科学性；（4）强调规划的科学决策与分析以及规划的目标制定，其贯穿了规划编制的整个过程，在科学分析的基础上，提出切合实际的发展目标，在规划中通过多种手段和方法予以实现，以促进国家公园的资源保护与发展[1]。

1　李如生. 美国国家公园规划体系概述 [J]. 风景园林，2005（2）：50-57.

图 2-3　美国国家公园规划体系

（资料来源：作者改绘）

2.1.2　美国国家公园建筑设施概况

美国国会于1872年签署的《黄石法案》明确指出，国家公园应当"让人民得益，供人民享受"，并且明确规定了内政部长在国家公园建设与管理中应有的职责与义务——"保护国家公园免受伐木者、矿产主、自然资源猎奇者或其他人员的损害和掠夺"。此外，国家公园的其他管理功能还包括：开发游客食宿设施、建设游览道路或林间小路、驱逐非法进入者、保护资源免遭无规划的渔业或娱乐业的破坏等。

美国国家公园管理部门提供必要的、适当的和与公园资源与价值保护相一致的游客设施和行政管理设施，包括公用设施、交通系统及其组成部分、管理设施、游客设施、大坝和水库、纪念工程和纪念碑等各类设施（表2-1）[1]。国家公园内的各项设施规划设计、施工维护等将进行可持续性程序，并且与国家公园的自然资源相符合，顺应自然发展规律，同时还要有美学上的愉悦性、实用性，能源与水效率高，成本效益大，设计用途广泛，并尽可能迎合各种不同人群的喜好。

在国家公园建筑设施的有关规定中，美国《国家公园管理条例》中明确："一切开发活动不应与公园特色展开竞争或超越公园特色，各类设施全面融入公园环境"。其中包括在选址、建筑材料和外形时对文化、区域、美学和环境因素的敏感性，在对新开发项目的设计以及对现有建筑群的更新设计中，所有建筑设施和活动的设计理念都应适应已有建筑和景观因素；新建的游客服务或管理设施要在比例、色彩和结构上达到与该地区文化要素的和谐；如果设施必须位于公园界内，则最佳选址是那些对公园资源影响最小的地方等；国家公园的建筑设计大多选择在公园边缘地带，并且建筑与周围自然环境能达到很好地融合，以求对公园资源影响最小[2]。

1　李如生.美国国家公园与中国风景名胜区比较研究 [D]. 北京：北京林业大学，2005: 23-25.

2　美国丹佛设计中心.美国国家公园——永续设计指导原则 [M].台湾"内政部"营建署译.台北：台湾"内政部"营建署，2003: 51-65.

美国国家公园设施分类中的建筑设施（资料来源：改编自《国家公园游憩设计》[1]）　表2-1

设施种类	管理设施	文化设施	特许设施	游憩设施	解说设施	环境改造设施	基础设施
设施细目	办公建筑	博物馆	住宿设施	路边座椅	指示牌	水坝	厕所
	大门	历史遗存	小旅馆	野营地	标识牌	桥梁	供水设施
	门房	自然俱乐部	小木屋	野餐桌	解说中心	挡土墙	饮水塔
	栅栏		帐篷	野餐亭		石墙	污水处理设施
	瞭望塔		挂车	野餐炉			垃圾收运设施
	售票处			游步道			垃圾焚化炉
			员工住所				
			餐饮设施	船坞			棚屋
			商业设施	马厩			设施维护建筑
				医疗室			
				洗衣房			
				浴室			
				营火剧场			
				工艺品商店			

注：阴影底色为建筑类设施

美国国家公园局建筑顾问艾伯特·H.古德在1938年编著的《国家公园游憩设计》一书中，着重从建筑设计的角度，系统总结了美国国家公园百年来发展的成就、特色和风格，探讨了国家公园可持续发展的方向和途径[2]。它从"微观层面"上提出了解决自然保护与游憩发展矛盾的方法，并且从公园设施类型与体系、设计原则、乡土设施风格的创造、指示系统的创意、历史保护与重建、截流造湖的争议、营地发展与规划、特许设施等八个方面进行了详尽的阐述（表2-1）。

美国国家公园署在1991年10月举办的研讨会上，五组工作人员就"公园现况"探讨组织中心必须更新的活动，他们发现国家公园服务面临很多困境，主要包括：旅游人口的增加、公园游览次数的增加、人口结构的改变、需要管理的园区以及种类的增加、环境的恶化、缺乏有才能的领导者、需要保护整体生态系统等。针对这些现象，国家公园署将永续发展设计的指导原则导入了公园管理的系统之中，并组织完成了《美国国家公园永续发展设计指导原则》的编著，文中将永续发展原则分为9个主题：解说、自然资源、文化资源、场地设计、建筑设计、能源管理、供水、废弃物处理

1　[美]古德.国家公园游憩设计[M].吴承照，等译.北京：中国建筑工业出版社，2003：54-56.

2　[美]古德.国家公园游憩设计[M].吴承照，等译.北京：中国建筑工业出版社，2003：56-59.

以及设施的维护与操作，虽然各项内容都以不同的章节呈现，但这些原则之间相互作用，并反映于所有系统和资源的相互关联性。原则中指出，强调环境敏感地区的观光设施该如何设计和管理，必须注意的原则除了建筑之外，更包括无毒材料的使用、资源节约和再生，以及游客和自然、文化环境的整合[1]。

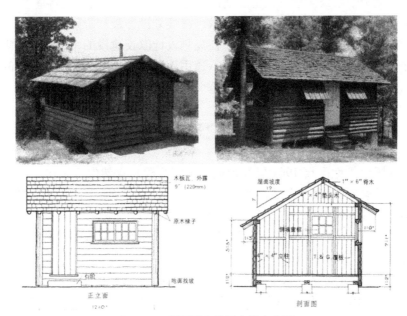

图2-4 美国国家公园中的小木屋
（资料来源：《国家公园游憩设计》）

综合而言，美国国家公园建筑设施在建设选址和规划设计方面的相关规定可总结如下[2]：

（1）国家公园建筑设施的建设选址

国家公园内进行大型建筑类设施建设时，尤其是与其他实体共建的设施，只要经过国会批准都应该在国家公园界限之外进行。当设施必须处于国家公园界内的，则其选址应在对园区资源影响最小的地方，同时这些地方应该能刺激人们使用其他替代性交通系统，如自行车道或人行道等。

此外，国家公园内的大多数建筑类设施的建设只能选择在经核准的一般管理计划中指定的地点进行，同时需要考虑到防火的要求以及太阳能、风能、自然景观等的运用，避免自然灾害对其产生的影响。

---

1 美国丹佛设计中心.美国国家公园——永续设计指导原则[M].台湾"内政部"营建署译.台北：台湾"内政部"营建署，2003: 51-65.

2 李如生.美国国家公园与中国风景名胜区比较研究[D].北京：北京林业大学，2005: 25-26.

（2）国家公园建筑设施的规划与设计

保护国家公园中的重要资源和价值是设施规划设计或开发决策中的主要关注点，国家公园的管理部门和游客所使用的建筑设施要符合每一个国家公园的法规要求，并形成经过核准的总体管理规划、开发概念规划和其他相关规划文件。

在整个国家公园建筑设施规划设计过程中，跨学科的小组将全程参与，以满足对资源管理、项目技术等要求。在规划设计最初阶段就寻求公众参与，尤其是容易引起争议的项目。在规划设计以及建设的全过程，都需要遵守相关法规，以及同样的永续性、通用性和实用性的高标准、相同的审查和核准过程[1]。

2.2 我国台湾地区国家公园建筑设施的相关政策与制度

我国台湾地区自 1961 年开始推动国家公园与自然保育工作，1972 年制定《国家公园法》[2] 之后，相继成立垦丁、玉山、阳明山、太鲁阁、雪霸、金门、东沙环礁以及台江共计 8 座国家公园，为有效执行国家公园经营管理的任务，于内政营建部门下设置国家公园管理处，以维护台湾的自然与文化资产。

国家公园的建设与发展不同于一般的风景区或森林游乐区，依据我国台湾地区的《国家公园法》，国家公园的保育、研究的功能角色均高于游憩功能，因此，园内的各项设施设计与建设必须遵守国家公园的土地使用分区上位指导与严格限制，再依据各分区允许发展的情形进行细部设计与建设[3]。

根据使用功能与性质的不同，国家公园的建筑设施主要分为管理服务类、公共服务类、景观休憩类、急难救助类以及住宿类。而依据具体的建筑形式，各类建筑设施还可以进行细分。相比一般的国家公园设施，建筑设施则显得规模更大、功能更加复杂、对环境的影响更明显，所以，在国家公园建筑设施的设计与建设方面显得更加谨慎与严格。

2.2.1 国家公园建筑设施的分区准入制度

2.2.1.1 国家公园的土地分区与环境自然度分级

游憩机会谱（Recreation Opportunity Spectrum，简称"ROS"）理论

---

1 杨锐 . 美国国家公园规划体系评述 [M]. 中国园林，2003（1）：44-27.

2 国家公园法，台湾"立法院"，1972.

3 台湾景观学会 . 国家公园设施规划设计准则与案例汇编 [R]. 台北：台湾"内政部"营建署，2003: I-13-V-1-2.

产生于 20 世纪 60 ~ 70 年代的美国，是推动世界国家公园发展的一种重要技术手段。它从影响游客体验的角度，综合场地的自然、社会和管理特征，将公共游憩地分为不同的等级，如"原始区域""半原始区域""一般自然区域""低密度开发区域""一般开发区域"以及"高度开发区域"6个等级，不同等级的区域提供不同的旅游活动，也即是提供不同的游憩机会，从而实现为游客提供多样化的体验、资源保护、方便管理等多重目标[1]。

国家公园土地分区与利用（资料来源：修改自台湾景观学会[2]）　　表2-2

分区	定义	允许事项	禁止事项
生态保护区	为研究生态而严格保护的天然生物社会及其生育环境的地区	1.必要的建筑物、道路、桥梁建设或拆除； 2.必要的缆车等机械化运输设备的建设	1.采集标本； 2.使用农药； 3.游客进入
特别景观区	无法以人力再造的特殊天然景致，严格限制开发行为的地区	1.必要的建筑物、道路、桥梁建设或拆除； 2.必要的缆车等机械化运输设备的建设	1.焚毁采木或引火整地； 2.狩猎动物或捕捉鱼类； 3.污染水质或空气； 4.采摘花木； 5.抛弃果皮、纸屑等
史迹保存区	为保存重要史前遗迹、史后文化遗址以及有价值的历代古迹而划定的地区	1.必要的古物、古迹修缮； 2.原有建筑物的修缮或重建； 3.原有地形地貌的人为改变	
游憩区	适合各种野外娱乐活动，并准许与兴建适当娱乐设施及有限度资源利用行为的地区	1.建筑物、道路、桥梁的建设或拆除； 2.土地的开垦或变更使用； 3.垂钓鱼类或放牧牲畜； 4.缆车等机械化运输设备的兴建； 5.广告、招牌的设置	

根据我国台湾地区《国家公园法》第十二条的规定，国家公园需按区域内现有土地利用形态与资源特性，划分为生态保护区、特别景观区、史迹保存区、游憩区以及一般管制区等 5 种分区，并分别对各大分区内部允许进行与禁止进行的事项作出了明确规定（表 2-2）。我国台湾地区国家公园的规划与设计中除了根据园区内土地使用划分外，还依据 ROS 理论对国家公园的环境进行了自然度的分级，并且针对不同的分级分区，提出了相应的设施规划设计要求，而针对建筑设施（结构物）也有一定的限制性设计条件（表 2-3）。

1　符霞，乌恩.游憩机会谱（ROS）理论的产生及其应用 [J].桂林旅游高等专科学校学报，2006（6）：691.
2　台湾景观学会.国家公园设施规划设计准则与案例汇编 [R].台北：台湾"内政部"营建署，2003：I-13-V-1-2.

国家公园自然度分级与建筑设施的设计要求（资料来源：作者整理）　表2-3

自然度分级	分区特征与要求	对应的土地分区	建筑设施设计要求
原始区域	每月游客进入人次＜1000的区域，自然环境未经破坏，结构物极为稀少	生态保护区 特别景观区	最低限度地破坏环境，以隐匿于环境或模仿自然形态为宜
半原始区域	每月游客进入人次1000~5000的区域，步道和原始道路不可行驶车辆或仅供急救车辆使用，结构物稀少	特别景观区 史迹保存区	隐匿于自然环境，以不易被发觉为基本原则
一般自然区	每月游客进入人次5000~30000的区域，以自然景观为环境主体，容许人工结构物出现	史迹保存区 游憩区	依据区域环境的自然或人文环境决定基本形态，或结合场地，或结合人文
低密度开发区	容许低密度人为改变，但总面积不得超过全区域的30%	游憩区	建筑设施与人工铺地面积总和不超过区域总面积的10%
一般开发区	容许较多的人为改变，但总面积不超过全区域的50%	游憩区 一般管制区	建筑设施与人工铺地面积总和不超过区域总面积的20%

2.2.1.2　建筑设施的分区准入

经过对国家公园环境的分析和自然度界定以后，国家公园内的各项基础设施的建设则有了基本依据和设计准则，对于国家公园不同的自然度分区，不同类型的建筑设施也有一定的准入标准（表2-4）。对于游客中心这种规模相对较大、对环境影响较显著的建筑设施，其分区准入度是较低的，只有在低密度开发区域以及一般开发区域才能够批准设置，从而保障了国家公园原始、自然环境的自然度，有效降低了游憩活动对国家公园自然环境的影响。

国家公园建筑设施的准入标准（资料来源：作者整理）　表2-4

	建筑设施类型	原始区域	半原始区域	一般自然区	低密度开发区	一般开发区
管理服务类	管理中心（站）	×	×	✓	✓	✓
	游客中心	×	×	×	✓	✓
	警察队办公处	×	×	✓	✓	✓
公共服务类	游船码头	×	×	✓	✓	✓
	邮局	×	×	✓	✓	✓
	公共厕所	×	×	✓	✓	✓

	建筑设施类型	原始区域	半原始区域	一般自然区	低密度开发区	一般开发区
住宿类	民宿、旅馆	✕	✕	✓	✓	✓
	员工宿舍	✕	✓	✓	✓	✓
景观休憩类	观景亭廊	✕	✓	✓	✓	✓
	温泉设施	✕	✕	✓	✓	✓
急难救助类	避难小屋	✓	✓	✓	✕	✕

注：✕表示不可设置，✓表示允许设置

2.2.1.3 建筑设施的风格定位

在国家公园制度建立之前以及建立初期，由于我国台湾地区当局的建设部门缺乏对自然景区内建设的监管与指导，导致了早期的国家公园内的建筑设施风貌不一，违章建筑随处可见，建筑设施的设计语汇也较为混杂，严重破坏了国家公园的自然景观，降低了国家公园形象的完整性。

我国台湾地区国家公园制度建立与完善以后，台湾地区当局内政营建部门组织人力与物力向国家公园制度的发源地美国寻找经验，并翻译了美国国家公园署制定的《永续发展设计指导原则》（Guiding Principles of Sustainable Design），并将其中关于"建筑设计"的相关章节内容与台湾本土文化相结合，形成了适合台湾地区国家公园建筑设施设计的基本原则[1]。

2.2.2 国家公园建筑设施的永续设计原则

在我国台湾地区内政营建部门的内部资料《永续设计指导原则》（Guiding Principles of Sustainable Design）中，提到了被称为"地球权益声明"（Bill of Rights for the Planet）的"汉诺威原则"（Hannover Principles）。台湾地区国家公园管理部门结合国家公园的自然、文化特征，制定了较为详细的园区设施设计基本原则，而其中关于建筑设施设计的核心内容则可归结为"永续材料的选择""绿色营造的应用"以及"传统文化的传承"三大部类。

2.2.2.1 永续材料的选择

在对国家公园建筑设施材料的选择方面，首先考虑的是材料的耐久性，

---

1 美国丹佛设计中心. 美国国家公园——永续设计指导原则 [M]. 台湾"内政部"营建署译. 台北：台湾"内政部"营建署，2003：51-65.

因为材料的制造过程是能量密集和材料密集的，耐久性较好的材料通常在整个服务周期内需要的维护也较少。其次，应首选只需少量维护或维护中对环境影响最小的材料，生产过程复杂的材料一般具有较高的"含能"（为制造材料而输入的能量总和）；再次，首选当地生产的材料，因为其在运输和施工过程中所产生的污染最少。

在对建筑材料使用之前，要对材料的生命周期消耗的能量进行评估，总体的原则是选取"含能"较低的材料而拒绝"含能"高的。从最初的原料开发，到修饰、制造、处理、加入添加剂、运输、使用，一直到被重复利用或丢弃，对在整个过程中消耗的能源情况进行表格化分析与优化选择。如利用传统建筑的施工工艺——垒、砌、捆、扎等，除了劳动力，则基本上不产生能源的消耗与环境的污染问题。

除了有关能源消耗与环境污染的考虑之外，国家公园建筑设施的材料选择应尽量避免精细化加工和城市化材料的出现。精细化的材料在维护管理与施工过程中都与周边的环境格格不入，也大大降低了建筑设施的自然度，如不锈钢扶手、栏杆等城市化意向与自然环境较难相容，在不得不使用时，应考虑用油漆、烤漆等手段清除其金属光泽[1]。

2.2.2.2 绿色营建的应用

在我国台湾地区国家公园的建设过程中，坚持以资源的永续利用为原则，尤其是在建筑设施的设置方面，积极推进绿色营建政策，扩大建筑物节能、减排的环保效应。无论是游客中心、管理站、还是观景亭、垃圾站，无论规模的大小都以绿色建筑技术为重要的技术支持，并从以下几个方面进行详细的阐释[2]。

（1）环境更新再利用的提倡

在国家公园的建设发展过程中，提出了避免再开发新的自然区的原则，而提倡将已经开发的区域和建筑设施以更新、改建的方式进行再利用，转换使用形态并提升其效益。如果有新的建设项目，如游客中心、旅馆等，以已经开发的土地作为先决条件，而不应在自然林地中进行开发，以总量管制的方式严格控制国家公园内新增建筑设施的数量与规模。

（2）减量设计的推广与落实

自然美学的思潮以及财政经济的限制成为台湾地区国家公园建设过程中工程减量、设施减量、空间减量的一个契机，避免多余和无功能的建筑设施项目建设与形式主义设计以及超出经常性使用量的规模设计。以游客

1　卓子瑾 . 国家公园设施与景观相融合之研究 [D]. 台北：台北科技大学，2011: 71-73.
2　卓子瑾 . 国家公园设施与景观相融合之研究 [D]. 台北：台北科技大学，2011: 71-73.

中心、管理站等管理服务类设施为例，提供必要的基本功能与服务功能以及合理的机能、安全防灾是优先考虑的准则，同时考虑建筑空间的弹性化使用与复合性，将不必要的多余人工设施的数量降至最低。

（3）有机生活体系的建立

在台湾地区国家公园的建设发展，尤其是规划设计过程中，树立了完全的整体观念，将建筑设施看作是国家公园内部重要支持体系的一部分，以绿色营建为基础单元，整合区域性整体规划，形成有机循环的系统，包括自然循环系统、污水处理系统、水资源循环系统以及绿地系统，以有机循环的永续设计理念，建立起永续发展的有机生活体系。

2.2.3　国家公园建筑设施的环境景观检视

每一个地区的景观都有它的特性、规模、比例以及色彩的变化，这些特性主要来自于当地的地址、气候以及长期以来历史性的土地利用方式等。只有在深入了解其自然与人文特性之后，才能在开发设计过程中，设计出适合当地环境的建筑物与其他人工设施。在台湾地区国家公园的建筑设施设计之前对自然环境视觉元素的采集以及设计方案的景观模拟都是对国家公园自然环境的人为响应，贯穿于建筑设施设置整个过程中的环境检视做法都体现了台湾地区国家公园建设者对环境的尊重与谨慎的工作态度。

视觉模拟的操作有助于决策者在建设开发行为发生之前预先感受人为设施在现实环境中的情形，一个好的视觉模拟成果，需要能够真实反映设施在环境中的视觉感官，包括体量、形式、色彩甚至质感[1]。在国家公园进行建筑设施的设置之前，对建筑设施进行景观视觉模拟是降低对环境景观干扰与影响的重要手段之一，并通过景观环境调查分析与建筑设施视觉模拟两大步骤进行操作。

（1）景观环境调查分析

对景观环境进行调查分析是建立在对于拟建设区域自然环境的照片选取，并对其进行造型、色彩以及质感的分项分析（图2-3），并从分析的结果中提出拟建建筑设施的造型、色彩以及材料的相应建议。

（2）建筑设施视觉模拟

在对国家公园自然景观环境进行调查分析之后，设计与建设方提出了相应的建筑设施设计方案，在设计过程中，建筑设施的景观视觉模拟按照其所处位置、规模大小、对环境的影响程度分为平面化模拟和3D模拟两种形式，前者以图片合成的形式将选定环境的照片与建筑设施方案进行综合比对，而后者则以计算机动态建模的方式来综合衡量建筑设施方案的体

1　Stephen R.J.Sheppard. 视觉模拟 [M]. 徐艾琳译 . 台北：地景出版社，1999: 65.

量、造型、色彩以及质感。

我国台湾地区国家公园建筑设施的建设以建筑设施的整个生命周期为一个完整的设置流程,从区位的选择到运营管理,整个过程都贯彻了环境检视的原则。以管理服务类建筑设施为例,在区位选址、配置计划的确定、毛坯的完成以及装饰材料的试做阶段都同步进行对环境的检测,从而确保在建筑设施的设计、施工过程中发现不合时宜的问题而及时进行补救与更改。

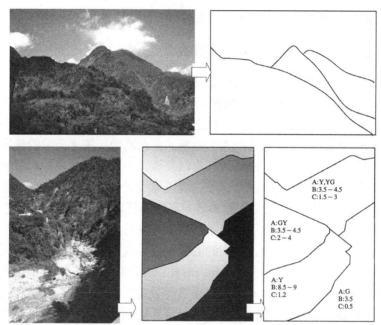

图 2-5　太鲁阁国家公园的环境造型与色彩分析
(资料来源:改绘自台湾国家公园学会[1])

2.3　我国风景旅游建筑的研究现状与案例

2.3.1　我国风景旅游建筑的相关政策与制度

我国"风景名胜区"作为国家法定的区域概念出现于 20 世纪 70 年代末,20 世纪 80 年代以来风景区进入快速发展时期。1988 年由上海同济大学丁文魁主编的《风景名胜区研究》[2]是风景名胜区相关研究的论文集,其

1　台湾国家公园学会.国家公园设施工程应用生态工法之研究 [R].台北:台湾"内政部"营建署,2009: 3-14.

2　丁文魁,等.风景名胜研究 [M].上海:同济大学出版社,1988.

中涉及风景名胜资源开发与保护、规划建设、旅游开发、保护管理等问题，并介绍了国外国家公园的发展情况，反映了我国关于风景名胜的研究成果及研究方向。

在具体的规划设计理论方面，中国园林协会风景名胜委员会在 1991 年专门组织力量编制风景名胜区规划规范的初稿，经过近十年的探索，1999 年，由建设部组织有关部门共同起草制定并颁布了《风景名胜区规划规范》GB 50298-1999[1]，自此，我国风景名胜区的规划设计便有章可循。在该规范中，游览设施规划被列入了专项规划，并制定了严格的条文和要求。这是现在风景名胜区规划中做游览与建筑设施的根本指导。张国强、贾建中主编的《风景规划——〈风景名胜区规划规范〉实施手册》[2]一书详细解释并分析了规范中的各项规划条款，其中就包括"游览设施规划"，并选取了从 20 世纪 70 年代至今的 17 个有代表性的风景区规划实例加以验证，反映了我国在风景名胜区规划方面的发展历程和丰硕成果，是一本对本书有相当参考价值的宝贵资料。

2003 年，由国家旅游局和清华大学建筑学院组织专家学者起草的《旅游规划通则》GB/T 18971-2003 是国内各大风景区、旅游景区进行规划设计的又一个重要的国家规范条文，是保证风景区、旅游景区规划与设计质量的强制性文件。

2.3.2　我国风景旅游建筑的研究概述

在关于"园林建筑"或者"风景建筑"理论研究方面，清华大学冯钟平教授编著的《中国园林建筑》[3]一书，较系统地阐述了中国古代园林建筑的历史发展及其时代美学思潮、文化背景的渊源，并结合国内现存的大量实测图进行了详尽的分析，总结了中国传统园林建筑的创作特点与手法，该书是了解中国园林建筑发展脉络与特征的重要参考。20 世纪 80 年代由杜汝检、李恩山、刘管平主编的《园林建筑设计》[4]一书，对中华人民共和国成立以来我国各地风景区、公园、旅游点在园林建筑方面所取得的成就以及当年大量兴建的旅游宾馆、文娱场所、展览中心等公共建筑的实际概况作了扼要的介绍及评论。结合我国优秀的传统造园论著与名园遗产总结了有关园林建筑设计的基本理论与手法并加以阐述及分析。

近年来国内对于风景建筑的研究著作与论文也不在少数，东南大学郑

1　中华人民共和国建设部 . 风景名胜区规划规范 [S]. 北京：中国建筑工业出版社，1999.

2　张国强，贾建中 . 风景规划——〈风景名胜区规划规范〉实施手册 [M]. 北京：中国建筑工业出版社，2003.

3　冯钟平 . 中国园林建筑 [M]. 第 2 版 北京：清华大学出版社，2000.

4　杜汝检，李恩山，刘管平 . 园林建筑设 [M]. 北京：中国建筑工业出版社，1986.

炘教授与华晓宁博士的《山水风景与建筑》[1]一书认为建筑是风景环境的重要组成，并从建筑和风景之间的形态与空间关系以及建筑与风景长期作用的历史文化内涵两个方面对山水风景中的建筑形态展开研究。全书以风景为出发点，界定了风景建筑的概念，并从布局、空间、形象等多方面阐述了风景与建筑的关系。重庆大学建规学院应文的博士学位论文《四川传统风景建筑与景观生态态势研究》[2]从相关的景观建筑学、风景及风景环境的概念、范畴及研究本质入手，对"风景建筑"作出了新的阐释，并分别从地貌、植被、气候、自然灾害防治、民族性格、宗教信仰与生活方式七个景观生态主导因素逐一进行分离剖析，探寻它们在风景建筑形成过程中的作用与协调方式，并结合实例进行分析与论证。

清华大学建筑学院卢强的博士学位论文《复杂之整合——黄山风景区规划与建筑设计实践与研究》[3]则是其通过多年在黄山风景区内进行的规划与设计实践的总结，以黄山风景区地域文化传统作为研究背景，以实地调研与工程实践作为研究基础，从与建筑设计相关的视觉、景观、功能、环境等各个角度具体展开研究。全文以建筑设计为序，最终提出黄山风景区山地建筑体量控制的原则，并建议对体量控制问题建立制度上的保证。北京林业大学洪泉的博士学位论文《杭州西湖传统风景建筑历史与风格研究》[4]以西湖风景区内的传统风景建筑为主要研究对象，系统化梳理了西湖风景内的风景建筑发展脉络与风格特征，并通过实地调研与测绘为西湖风景建筑的研究做出了理论化的初探。华南理工大学鲍小莉的博士论文《自然景观旅游建筑设计与旅游、环境的共生》[5]一文，全新定义了"自然景观旅游建筑"一词并赋予了特定的意义，系统地分析了自然景观旅游建筑与旅游、环境的关系，提出了三者共生的设计理念，并通过设计策划、设计内容、设计流程和设计手法来实施贯彻。

除此之外，一些在风景建筑规划与设计一线的建筑师和专业教师、学者从自身的实践出发，对风景建筑的创作与设计提出了自己的观点。东南大学建筑学院杜顺宝教授在《风景中的建筑》[6]一文中结合自身的文化景观设计作品，探讨了风景建筑与周围自然风景、地域文化、地形地貌、景观元素的关系，对后人风景建筑创作提供了重要的参考与启迪。中国科学院院士齐康教授在《建筑·风景》[7]一文中认为当今风景区的开发和旅游相结

---

1 郑炘，华晓宁.山水风景与建筑 [M].南京：东南大学出版社，2007.

2 应文.四川传统风景建筑与景观生态态势研究 [D].重庆：重庆大学，2010.

3 卢强.复杂之整合——黄山风景区规划与建筑设计实践与研究 [D].北京：清华大学，2002.

4 洪泉.杭州西湖传统风景建筑历史与风格研究 [D].北京：北京林业大学，2012.

5 鲍小莉.自然景观旅游建筑设计与旅游、环境的共生 [D].广州：华南理工大学，2012.

6 杜顺宝.风景中的建筑 [J].城市建筑，2007（5）：20-23.

7 齐康.建筑·风景 [J].中国园林，2008（10）：62-63.

合，扩大了风景建筑的设计，同时强调要注重生态的总的含义，要注意到在景区建设的风景建筑与城市建筑景观大不相同，要考虑景区的地区特点，地区的温度变化、地形、地貌的特征，小气候的变化，远景、中景、近景，更强调建筑的艺术表现。另外在其指导的硕士研究生张弦撰写的论文《风景建筑设计的思考——张家界国家森林公园门票站规划及单体设计》[1]中结合了实例践行了齐康院士关于风景区建筑设计的基本理论思想。

在旅游学界，一些相关的专著、教材也对旅游景区中的相关建筑规划设计进行了一定的阐述和说明，但都是点到为止，仅停留在规范研究、风格限定等方面[2~4]。缺少较为深刻的风景旅游建筑规划设计的理念与方法的探讨。

2.3.3　我国风景旅游建筑案例解析

关于中国传统的园林建筑的案例，众多风景园林学家与建筑学家都有过精彩详实地解读与阐述，在此不再赘述。此节只选取当代建筑师在风景优美的景区内进行的风景旅游建筑的创作并进行解析与总结。

从 20 世纪 80 年代开始的风景名胜区规划建设的过程中，兴建了一大批为旅游服务的建筑设施，那个时期的建筑师创作手法主要是将现代旅游业的功能性需求与古典园林以及民间建筑相结合，虽然当时的建造手段与技术不如今日，但其中也不乏出现了一批与环境适宜、风格协调的经典之作，如贝聿铭大师设计的北京香山饭店、汪国瑜教授设计的黄山云谷山庄等。

北京香山饭店建于 20 世纪 80 年代，距今已有 30 余年，可以说，它是我国风景名胜区建制以后，在风景区内进行建筑设施建设的一个先河，从它一落地就充满了来自各界的争议。香山是北京西山的一部分，山势奇、树木密、清泉多，是一座历史悠久的森林型风景区，对北京来说，显得特别宝贵，所以这座建筑面积达到 3.6 万 m^2 的庞然大物的落地，引来了众多人质疑它存在的合理性。

香山饭店是整体平面呈三面围合的园林式旅馆，并运用了后现代建筑运动中民族化与地方风格的做法（图 2-6）[5]。运用当年贝聿铭先生在清华大学做演讲时的话，他的香山饭店创作思想主要体现在以下五点：第一"归根"，所谓的归根就是建筑的民族性与地域性；第二"环境第一"，意为建

1　张弦，齐康. 风景建筑设计的思考——张家界国家森林公园门票站规划及单体设计 [J]. 华中建筑，2007 (5) :29-31.

2　马勇. 旅游景区规划与项目设计 [M]. 北京：中国旅游出版社，2008.

3　保继刚. 旅游景区规划与策划案例 [M]. 广州：广东旅游出版社，2005.

4　付军. 风景区规划 [M]. 北京：气象出版社，2004.

5　刘少宗，檀馨. 北京香山饭店的庭院设计 [J]. 建筑学报，1983 (4) :52-59.

筑与所处的环境需要完整的融合与统一；第三"一切服从人"，反映出贝老"以人为本"的设计出发点；最后的"刻意传神"与"重视空间和体形"体现了创作中贝老对于空间与意境娴熟的驾驭能力。当然建筑没有完美的，其中因为在一些细节的追求以及材料的刻意打造而造成的成本过高也被人所诟病，长达140m的走道以及在建设过程中对于部分古树的处置不当也成为被人批判的缘由。

图 2-6　香山饭店首层平面图

（资料来源：《建筑学报》1983.4）

图 2-7　北京香山饭店

（资料来源：互联网）

稍晚于北京香山饭店的黄山云谷山庄是我国"新乡土主义"建筑的代表作品，坐落于黄山风景区东部，整个旅馆建筑群面积7800m²，汲取了传统徽州古民居中的马头墙、天井、粉墙黛瓦等元素，并且依山势而建，与环境结合浑然天成，正所谓的"民居精神"比较显著（图 2-8）。在云谷山庄的设计中，汪国瑜教授认为，在风景区的开发建设中考虑人流压力时，要充分照顾到风景区的环境承载力，既要照顾"需要"更要考虑"可能"，旅游"需要"只能看成是一个参考数值。"需要"这一因素，从社会经济发展规律看是永远也不能满足的。如果忽视环境的"可能"条件而盲目片面去追求旅游"需要"，只会给风景区带来更加被动和恶性的破坏局面[1]。

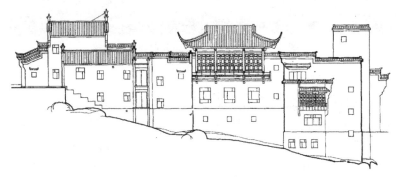

图 2-8　黄山云谷山庄立面图

（资料来源：《建筑学报》1988.11）

　　近年来，随着我国经济社会的发展，人们生活水平的提高，旅游的形式也在发生变化，自驾游成为很多年轻人的选择，而新型旅游形式对于风景旅游建筑的要求与传统旅游相比有增无减。很多知名建筑师以及高等建筑院系的老师们也参与了众多风景旅游建筑的设计。

　　在齐康院士主持设计的张家界森林公园入口规划与单体设计中，设计者对风景区内建筑设施与环境的关联性进行了思考。他们认为"将建筑边界进行模糊化处理将会增加游客在风景区内活动的可能性，混淆建筑的内与外的界限，让建筑内外空间互动起来，为游客提供更多的行为模式"[2] 将是现代风景区建筑设施设计的重要原则。其次，风景区建筑设施设计应着眼于将建筑与环境的协调与互动之上，建筑师应该努力表达大自然自身的力量，让游客感受更多的自然之美，而不是靠建筑去统领和控制自然。在方案设计过程中，设计者对风景区入口建筑进行了多方案比较并最终选择了最能体现土家吊脚楼形式的地域性建筑方案（图 2-9）。

1　汪国瑜.营体态求随山势寄神采以合皖风——黄山云谷山庄设计构思 [J].建筑学报，1988（11）：6.
2　张弦，齐康.风景建筑设计的思考——张家界国家森林公园门票站规划及单体设计 [J].华中建筑，2007（5）：29-31.

图 2-9　张家界森林公园入口建筑方案
(资料来源:《华中建筑》2007.5)

　　中南林业科技大学环境艺术设计学院博士生导师沈守云教授主持的南宁青秀山凤凰塔改造设计是根据当地青秀山风景区旅游发展的需要,对始建于 20 世纪 80 年代的凤凰塔进行的更新与改造。考虑凤凰塔的现状和其他相关条件,选取侗族的鼓楼和风雨桥为原型,结合侗寨、壮乡的民族特色对单体建筑和周边环境进行了全面的整合规划与设计,使其体现出凤凰塔的标志性、观光性、文化性与独特性(图 2-10)。设计者认为,在进行风景区建筑设施的创作时,要注意尊重环境、尊重历史、尊重习俗,满足现代生活的需要、适应现代社会的发展[1]。

图 2-10　南宁青秀山凤凰塔效果图
(资料来源:《中外建筑》2010.2)

　　福州大学建筑学院承担的武夷山茶博物馆设计,位于世界双遗产地福建武夷山风景区。设计中继承了宋代武夷山风景建筑的风格,但却摒弃了传统木构建筑的沉重与繁杂。运用现代钢材与玻璃作为重要的建筑材料,采用"符号隐喻""空间渗透"等设计手法,力求在尊重传统文化

1　周练,沈守云,廖秋林.风景建筑的地域性表达与创作——以南宁青秀山凤凰塔改造设计为例 [J]. 中外建筑,2010 (2) : 35-39.

的基础上，对现代家住进行诠释，利用当地所产的武夷山砂岩作为墙脚材料，既方便取材又具有地域特色，这也是中国传统建筑最深邃的精神之所在（图 2-11）[1]。

张家界黄龙洞剧场是由北京大学俞孔坚教授主持设计的，项目坐落于世界自然遗产地湖南省张家界市武陵源石英砂岩地貌景区的外缘，是黄龙洞景

图 2-11　武夷山茶博物馆
（资料来源：《新建筑》2012.5）

区旅游建设和景观改造项目的一部分（图 2-12）。在设计中如何最大限度地减小建筑对环境的影响是这个项目最核心的出发点，俞孔坚认为，设计策略应该是建筑谦逊地静处。建筑整体的形态是对张家界武陵源地质结构的反映，体现了设计中的人文思想，屋顶使用绿化种植，则使建筑与景观更加协调与统一[2]。建筑在尊重场地和环境的同时，自己也成为自然景观的一部分，既满足了功能诉求，又达到了绿色建筑的形式。但是，由于施工的原因，一些细节处理不够使得最终的成果并未完全达到设计者的理想状态，这也是建筑师或者景观设计无法掌控的局面。

图 2-12　张家界黄龙洞剧场
（资料来源：《新建筑》2012.5）

2.3.4　国际国内研究现状特征与展望

美国是国家公园建设的先驱者，国家公园建筑设施的永续设计业走在

1　马非 . 一汲清冷水 高风味有余——武夷山茶博物馆设计 [J]. 新建筑，2012（5）：27-30.
2　俞孔坚，张慧勇 . 注解景观的建筑——张家界黄龙洞剧场 [J]. 新建筑，2012（5）：45-28.

世界同行的前列，研究与借鉴美国国家公园建筑设施设计与建设的先进理念与经验是我国风景区建筑设施设计行业的必修课，也是本书研究的重要资料参考与理论来源。但是，中国与美国有着不同的历史文化背景以及政治经济条件，中国的传统园林建筑以及园林景观的历史源远流长，所以，在借鉴与学习美国国家公园建筑设计的时候，不能全盘照搬，也不能生搬硬套，而是应该在某些做法方面引入西方的先进理念，如规划体系的分级处理，资源保护意识的深入贯彻等。

中国台湾地区是我国领土不可或缺的一部分，也是中国传统文化的有力继承者。我国台湾地区国家公园建设体系由于深受美国的影响，也已经趋于成熟，在内政营建部门以及各大国家公园管理处两级管理部门的配合之下，形成了较为完善的建筑设施设计管理体系与制度。在我国台湾地区《国家公园法》制定 19 年后的 1991 年，我国台湾地区当局内政营建部门出台了《国家公园建筑物设计规范》，并先后于 1997 年和 2003 年对规范进行了两次修正。2013 年，我国台湾地区"行政院"组织改造，将原隶属于内政营建部门的国家公园管理处升格合并为环境资源部下设的国家公园署，顺利完成了国家公园从环境建设到环境保育的职能转换。

相比之下，我国大陆国家公园制度还未建立，国家级风景名胜区作为将来国家公园的重要建设对象，理应借鉴与中国大陆文化一脉相承的台湾地区国家公园建筑设施设计管理制度以及在国家公园建设方面有先进经验与重要影响的美国国家公园的相关制度，早日建立起风景名胜区建筑设施的规划与设计规范体系，从而使风景名胜区内的建筑设计、设施建设有章可循，有效地保障风景名胜区自然与人文景观环境不受建设过程中的人为破坏。

综上所述，目前国内外关于风景旅游建筑（或国家公园建筑物）的相关研究与政策仍存在以下一些问题：

（1）对于"风景旅游建筑"的概念仍未厘清，研究的领域、对象尚不明确，从而导致较少有较为全面考虑风景旅游建筑的多维存在状况；

（2）关于国家公园建筑物、风景区建筑物设计等相关概念的研究方面，更多的是偏向于政策方面的引导，而较为缺乏具体规划设计手法的研究；

（3）关于一些风景建筑、景观建筑的规划设计手法方面，较多的是对于类似于城市建筑的设计手法、技法的效仿，而较少考虑旅游活动的特殊性；

（4）在旅游相关的规划设计领域的研究中，更多的是偏向于对于游客数量的预测、业态的布局等考虑，对于建筑物的设计则是点到为止，很难真正指导具体设计。

2.4 其他相关理论概述

2.4.1 整体观思想下的中国古典园林

2.4.1.1 东方整体观思想

整体观是东方传统文化的核心思想，也是有别于西方线性逻辑思维与还原论思想的重要特征。中国国学大师钱穆先生晚年在《中国文化对人类未来可有的贡献》[1]中谈到，中国文化中，"天人合一"的整体观是整个中国传统文化思想之归宿处。人类的科技活动需要解决的不仅仅是人类对自然的理解与索取，更重要的是如何与自然相融，即"合一"。季羡林教授认为"天人合一"是人与自然的合一，是一种综合观，是一种不同于西方传统的思维方式，西方人讲分，东方人讲合。合者即天与人是一个整体。季羡林先生说，主张"天人合一"，强调天与人的和谐一致是中国古代哲学的主要基调。他回顾了孔孟、董仲舒直到宋代的"天人合一"思想，都把天人合一理解为人与大自然的关系，并且强调"天人合一"思想是东方思想普遍而又基本的表露，认为这种思想是有别于西方分析的思维模式的东方综合的思维模式的具体表现。

著名英国学者李约瑟在《中国科学技术史》[2]第二卷"科学思想史"最后一章的结论部分中指出：中国人的世界观依赖于另一条全然不同的思想路线。对于那时中国可能发展出来的自然科学，我们所能说的一切就只是：它必然是深刻地有机的而非机械的。

在人类认识与改造世界的过程中，树立整体观与相应的非线性、有机的研究范式，是人类科学研究与生产制造过程的一大演进趋势。建筑设计的过程是人类认识世界与改造世界的中介性过程，它联系着客观物理世界与人类的主观思维方式，设计者拥有什么样的建筑观就会同时拥有与之对应的设计方法论。当一个建筑师将建筑物视为一个居住的机器的时候，势必会忽略建筑与环境之间的互动，而完全由建筑的功能出发来满足物质性的人类需求，此时的建筑是孤立的、完全人工化的。相反，当建筑师将建筑作为人居环境的有机组成部分并对周边环境作出回应的时候，建筑与环境便成为一个整体，是为建筑设计中的整体观。

相对于旅游观光者而言，风景名胜区中的所有的一切景物都是一个有机的景观系统，其中包含大自然给予的山川河流、奇石险滩等自然景观，

---

1 此文题为国学家钱穆写于 96 岁高龄，过世前最后的文稿，由钱穆夫人胡美琦寄给香港中文大学《新亚月刊》，在 2009 年 12 月号刊出.

2 李约瑟. 中国科学技术史. 第二卷科学思想史 [M]. 北京：科学出版社，1990: 619.

也包括名胜古迹、佛寺道观等人文景观，当然，除此之外，风景区内的一切建筑物都将成为旅游者的审美对象，包括当地的民居以及为旅游服务的建筑设施等，这些建筑物的美丑、优劣都直接影响着旅游者的满意度与认同感，而其中最重要的评判标准就是建筑物与环境的整体性考虑。

2.4.1.2　中国古典园林

中国古典园林作为世界园林体系中的一个重要分支，具有与西方古典园林完全不同的鲜明特点，并影响西方近代园林的发展。正如周维权教授在《中国古典园林史》[1] 中所说，中国园林虽然拥有着皇家园林、寺观园林、私家园林几种大的类型并各自有着不同的特点，但作为一个完整的园林体系，却是有着共同的特征。

（1）源于自然而高于自然

山、水、植物、建筑是组成中国古典的四大基本要素，而前三者又是构成自然风景的构景要素，但中国古典园林不是简单地利用和模仿这些要素的原始状态，而是赋予人类的意识加以改造与升华，从而表现出精炼、概括的人造自然风景。这样的创作又必须合乎自然之理，方能获致天成之趣。否则就不免流于矫揉造作，犹如买椟还珠、徒具抽象的躯壳而失去风景式园林的灵魂了。

（2）建筑与自然的融合

在西方古典园林中，一般都以建筑物控制全局，将建筑与自然风景对立起来，要么建筑控制一切，要么退避三舍。而中国古典园林与之不同，园林建筑不论数量与性质、功能差别，都力求建筑与山水、植被有机融合，形成完整的风景画面，中国园林建筑多为木结构，通过建筑墙体的空、虚、隔、透来达到建筑空间与自然风景的通透与流动，将建筑小空间与自然界大空间沟通起来。

（3）诗画的情趣

中国的山水画不同于西方的风景画，前者在于写意，后者在于写形，中国山水画中的山水不是个别化的山水风景，而是经过画家主观认识与加工后的、概括化的山水。与之类似，中国古典园林也不是对自然风景的纯粹模仿，而是"源于自然、高于自然"，形成可行、可望、可游、可居的流动画卷（图2-13）。

（4）意境的涵蕴

意境是中国古典园林创作与鉴赏中的最高层次与最重要的美学范畴。意，就是主观的理念、感情；境，就是客观的生活、景物。意境产生于艺

1　周维权. 中国古典园林史 [M]. 北京：清华大学出版社，1999: 14.

术创作中这两者的结合，即创作者把自己的情感、理念熔铸于客观生活与景物之中，从而引发鉴赏者类似的情感激动和理念联想。而中国古典园林因其具有诗画的综合性、三维空间的形象性，其意境内涵的显现比起其他艺术门类更为明晰，也更加容易把握[1]。

图 2-13　西式风景画与中式山水画
(资料来源：整理自互联网)

从根本上说，中国园林的设计，深深浸透了人与自然和谐发展的精神。它们讲求因地制宜的原则，充分利用有利的自然条件和生态因素，适当保留景观特色的自然地形地貌，结合当地的风土人情，使中国东、西、南、北、中的园林景观各具特色，美不胜收。

2.4.1.3　中国园林中的风水学

风水学说的实践来源于我国古代先民观察和改造自然的体验的经验总结，风水学把人看作是自然的一部分即"天人合一"，主张人与自然的和谐共生，要求人居环境与自然环境相互协调。风水理论认为自然界有其普遍规律即"天道"，天道的存在与运作"乃作天地之祖，为孕育之尊，顺之则亨，逆之则否"（《黄帝宅经》）；也就是说人的一切活动只能顺应自然，有节制地利用和改造自然，而不能违背"天道"行事，更不能倚持人力同自然对抗，否则必有灾殃。因此，风水学说在进行基址选择与规划设计之时，要求"务全其自然之势，期无违于环护之妙而止耳"。

从古至今的中外园林设计，归根到底，其探讨的都是"天人关系"，也就是自然与人之间的关系。而在风水这一观念的影响下，我国古代园林创作把"得景随形"，因地制宜作为自己构园造景的重要原则，强调结合自然地形进行规划设计，尽量少动土方（即"因山作势，就地成形"），并尽量保留并利用原有的花草树木（如"让一步可以立根，砑数桠不妨封顶"）；

1　周维权.中国古典园林史[M].北京：清华大学出版社，1999:14.

即便对于水的处理，也是以天然水体为前提，仅以疏浚、筑堤、堆岛方式来增加水面层次，丰富空间组合，从而形成中国园林特有的"源于自然而高于自然"的园林风格。

可以说，中国古典园林是中国风水学说的集大成者，而其中很多原理在今天看来都具有其合理的内核，与现代科技有着众多"巧合"之处。如今，无论是理论研究还是实践之中，中国的风水学说都已经引起国内外学者的重视，尤其是生态学研究人员开始利用现代科学理论与技术方式对其进行研究，并在其中发掘了除去迷信以外的一些合理内核。

国内建筑设计、城乡规划、风景园林学界也刮起一阵"新风水主义"的风潮，在城乡规划、风景园林规划设计中增加对风水的研究与应用，高等建筑院校也相继开展相关课程的教学与科研工作。这并不是偶然，而是在以西方的思维方式解决人类与环境相处遇到困难时，人们寻求到了一条东方的解决道路，是东方传统思想与科学的复兴。

与城市区域相比，风景名胜区是人类活动较少涉入的区域，对于人与环境的关系较城市而言也更为敏感，在风景名胜区进行各类人造设施建设或规划设计的时候，对于"新风水主义"的考量也许会成为解决不同于城市建设活动的人类第三大栖息地的重要选择。

2.4.2　旅游规划与旅游景观学

何谓"景观"？在不同的学科背景与研究领域下，"景观"一词有着不同的诠释与解读。《现代汉语词典》对于景观一词的定义"泛指可供观赏的景物"，而在自然科学中，景观泛指一定区域与地段内的气候、水文、植被、土壤、岩土、地貌和动物界的总和，反映一定自然地理环境内的总和特征。狭义的景观则是指自然区划工作中的最低级单位，广义的景观具有宏观性、综合性和地域性，一种景观能够充分反映这一地区各种自然地理要素的组合特征与人为影响[1]。

近年来，景观（Landscape）一词的内涵得到了极大的扩展，无论是在语汇的涵义还是学科研究方面，景观的所指都具有不同的理解与性质。在学科研究方面，传统的地理学、生态学是景观研究的两大主要阵地，如今，建筑学、美学、旅游学的加入使得景观研究领域更加丰富多彩。

20 世纪 80 年代，"景观论"被引入到了旅游科学当中，从而出现了"旅游景观"的概念。旅游景区区域内具有一定景色、景象和形态结构，可供观赏的景致、建筑、和可供享受的娱乐场所等客观实体，以及能让旅游者感受、体验的文化精神现象等，甚至以该区域存在的优美环境条件以及旅

1　杨世瑜. 旅游景观学 [M]. 天津：南开大学出版社，2008：1.

游接待服务等内容都可以泛指为"旅游景观"[1]。

旅游景观是旅游目的地的景观。旅游景观是客观存在的景象，无论是自然因素形成的还是人类活动造就的，它们通常都是在特定时间、特定区域空间、特定物质形态存在的人类能够感知的一种形式。旅游景观因为具有景观和旅游资源的双重含义，所以也同时具有客观存在的物质时空属性和主观意识认定的理念属性。

2.4.2.1 旅游景观的分类

旅游景观是存在于自然环境和人文社会环境中，所有能通过人的感官获得美的感受的自然物或人工物所构成的景观[2]。由于研究目的与实践需求的不同，对于旅游景观的分类也有着不同的视角。按照旅游资源基本属性，一般可将旅游景观分为自然景观和人文景观两大类，前者主要包括地质地貌景观、水体水面景观等，后者包括园林建筑、古迹遗址等。当然，也有学者认为在这两大基本景观类型之间还应该有人工景观这一层次，即人类活动的产物，但还未达到人文景观高度的这样一类景观级别。

也有学者突破了景观原本物质化实体的界限，将社会习俗、风土人情等非物质化的现象列入景观当中，并称之为"社会景观"。当然，根据景观的形态、位置组合、有无生命等的不同，旅游景观的分类方法有着各式各样的差别。无论景观的分类如何有差异，我们可以从中看到旅游景观的学科对象正在随着社会的发展而得到扩展，尤其是非物质化元素的加入，使得研究领域的涉足更加宽泛与综合。对于本研究而言，风景区建筑设施作为风景区内旅游景观的重要组成部分，研究者与设计者需要进行重点考量的不单单是其物质化的功能空间与外观形态，对这些物质化景观以外的情感、心理要素的思考也应该纳入研究当中。

从景观学的角度来说，人与环境是不可分割的。旅游景观是审美客体与审美主体的复合，是"风景"与"游人"感应的产物[3]。作为环境精华的旅游景观，环境中的非物质元素也是环境的重要组成，是游人鉴赏的意象空间，意象空间和自然空间一样，都是实际存在的，如同意识与物质属于客观存在一样，前者存在于人的大脑，后者存在于自然界和社会之中。

在国家技术监督局和建设部联合发布的《风景名胜区规划规范》[4]中，研究者对风景资源进行了分类，将风景资源从大类、中类、小类三个层次进行了划分，大类为自然景源和人文景源；自然景源的中类被划分为天景、

1　江金波.旅游景观与旅游发展 [M].广州：华南理工大学出版社，2007: 10.

2　江金波.旅游景观与旅游发展 [M].广州：华南理工大学出版社，2007: 19.

3　王长俊.景观美学 [M].南京：南京师范大学出版社，2002: 5.

4　中华人民共和国建设部.风景名胜区规划规范 [S].北京：中国建筑工业出版社，1999.

地景、水景、生境；人文景源的中类被划分为园景、建筑、胜迹、风物等。华南理工大学旅游学院的江金波教授借鉴《旅游资源分类、调查与评价》GB/T 18972-2003 中有关旅游资源的分类体系，将旅游景观类型分为三级，一级为旅游景观大类，共四大类：自然旅游景观、文化旅游景观、现代人工旅游景观和社会风情旅游景观等。

2.4.2.2 旅游景观系统

旅游景观不是单独存在的，而是由多样要素组成，并与其他景观有机结合构成完整的旅游景观系统。广义的旅游景观系统包括要素系统、层次系统和结构系统，狭义的旅游景观系统则是指围绕特定景观，能引起审美欣赏活动，作为游赏对象和旅游区开发利用的全部实物和因素[1]。

旅游景观作为一个系统，是由自然、社会、经济、文化等众多要素子系统组成的整体，各要素之间相互联系、相互制约。从层级系统来看，旅游景观系统包含若干"景区"子系统，每个"景区"系统又包含若干"景点"子系统，每个"景点"又由若干"景物"组成，从而构成了"景观地带—风景名胜区（景区）—景点—景物"的完整有机旅游景观体系。

著名旅游学家冈恩（Gunn）教授在其经典之作《旅游规划》（Tourism Planning）[2]一书中指出，旅游目的地带状结构系统是旅游景观系统在地域上的具体表现形式，并且可以划分为：吸引物集中区（旅游资源子系统）、服务社区（城镇街市子系统）、流通干道（旅客交通子系统）以及连接干道（游览区交通子系统）四个基本的子系统。

旅游景观系统结构一般由各类景源、游客、旅游设施和旅游服务有机组合而成，这种四合一体的结构模式，是良好旅游景观存在和发展的保证。旅游景观结构系统中，景源是基础，设施与服务是保障，游客是中心。其中的旅游设施是实现旅游活动的支撑条件，确保旅游的安全、舒适与效率，优质的旅游设施与服务能够超越自身的结构限制，成为旅游景观系统中的特色，从而成为吸引游客的旅游吸引物或景源。

2.4.2.3 作为旅游景观的风景旅游建筑

在《风景名胜区规划规范》对风景资源的分类中，建筑作为人文景源大类中的中类，包含了风景建筑、民居宗祠、文娱建筑、商业服务建筑等10个小类，当然，其中对于风景建筑的范畴也未作详细的、明确的界定。无论规模的大小、功能的复杂抑或简单，风景旅游建筑必须按照达到人文

---

1 邓涛. 旅游区景观设计规划原理 [M]. 北京：中国建筑工业出版社，2007: 7.

2 冈恩（Gunn）. 旅游规划 [M]. 第 3 版. 台北：田园城市文化事业有限公司，1999: 34-36.

景源的高度进行设计与建设，这样才能使建筑设施本身不消减风景区内原本的自然景源特征与人文景源特色。

华南理工大学旅游学院江金波教授在其对旅游景观的分类中，将古人类遗址景观、历史时期文化遗址景观、文化建筑与设施景观、传统园林景观、居住地与社区等五个亚类统归于历史文化旅游景观这一大类，在与之平行的现代人工旅游景观这一大类下，分为主题园景观、产业场景观、纪念园景观、活动场馆景观以及其他特定场景。本研究中的风景旅游建筑的范畴大致从属于现代人工旅游景观，而风景区建筑中的传统建筑则大体从属于历史文化旅游景观。

综上得知，从旅游景观学的角度而言，风景旅游建筑也是旅游景观系统中不可或缺的一个部分，同时也具有旅游景观的普遍属性。风景旅游建筑的质量直接影响到旅游活动的质量，一个好的风景旅游建筑，能够和其他旅游景观一样吸引游客，使游客获得视觉美的享受，风景旅游建筑作为人文旅游景观的一部分，其景观质量除了外在形态以外，深刻的文化内涵也是构成其景观质量的重要因素。

旅游景观是存在于自然环境和人文社会环境中，所有能通过人的感官获得美的感受的自然物或人工物所构成的景观[1]。由于研究目的与实践需求的不同，对于旅游景观的分类也有着不同的视角。按照旅游资源基本属性，一般可将旅游景观分为自然景观和人文景观两大类，前者主要包括地质地貌景观、水体水面景观等，后者包括园林建筑、古迹遗址等体现人类活动的构筑景观。当然，也有学者认为在这两大基本景观类型之间还应该有人工景观这一层次，即人类活动的产物，但还未达到人文景观高度的这样一类景观级别。

风景旅游建筑作为重要的旅游景观组成，不同于一般的人工景观或人文景观，其拥有着独特的四大社会意义与三大美学意义（图 2-14）。风景旅游建筑的社会意义主要体现在游憩功能、环境景观、生态教育、风格自明四个方面，而与其相辅相成的美学意义则包括：体现人与自然的相处、体现人对文化的态度、体现自然与文化的交融三个方面。

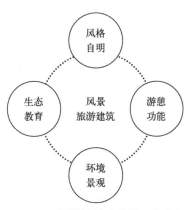

图 2-14　风景旅游建筑的四大意义
（资料来源：作者绘制）

1　江金波 . 旅游景观与旅游发展 [M]. 广州：华南理工大学出版社，2007: 19.

2.4.3　环境心理学与环境行为学

2.4.3.1　环境心理学、环境行为学概述

环境心理学是研究人的行为和经验与人工和自然环境之间关系的整体科学。其第一个也是最重要的特点是强调把环境——行为关系作为一个整体去研究，而不是把它们分成假定可以清晰区分的独立部分；环境心理学的第二个特点和假设是认为环境——行为之间是真实地相互作用的关系；第三个特点是应用研究和理论研究之间没有明确的界限；第四个特点是鼓励跨学科、跨民族的研究；第五个特点是使用折中主义的方法论[1]。

环境行为学也被称为"环境设计研究"，是研究人与周围各种尺度的物质环境之间相互关系的科学。它着眼于物质环境系统与人的系统之间的互相依存关系，同时对环境的因素和人的因素两方面进行研究[2]。广义环境行为学的研究领域涉及社会地理学、环境社会学、环境心理学、建筑学等众多学科，是这些社会科学以及环境科学的集合[3]。

综上而言，我们可以看出，环境心理学与环境行为学在某些方面是互通并互为研究范畴的两门应用型社会科学，如在对待人与物质环境之间关联性、跨学科研究方法等方面存在完全吻合之处。所以，在进行风景旅游建筑的游客感知、游客行为的研究方面，我们运用环境行为学、环境心理学方面的知识与方法都是可行而且并无差异的。

风景名胜区内的旅游环境，是由山（风景地貌和地貌构景）、水（水景或水文取景）、林木（绿化和园林生态）、建筑（与环境意境协调的或加强环境意境的单体建筑或建筑群）以及天气变化、人文特色等和谐组合起来的场所[4]。旅游环境是围绕环境主题——游客建立起来的，风景区进行旅游开发的时候，除了应该考虑自然与生态环境的承载力或旅游资源的极限容量，还应该考虑旅游者对于环境的心理容量，以及风景区建筑设施对于游客行为的引导与影响，同时，不同游客类型的景观偏好也是需要考虑的问题。

2.4.3.2　风景旅游建筑应考虑游客的心理容量

风景旅游建筑的设施容量与游客的心理容量并不具有一致性，当游客数量处于建筑设施的容纳能力之内的时候，一部分游客的心理容量已经超

1　（美）保罗·贝尔，等.环境心理学 [M].第 5 版.朱建军，等译.北京：中国人民大学出版社，2009：5.
2　李斌.环境行为学的环境行为理论及其拓展 [J].建筑学报，2008（2）：45-48.
3　戴晓玲.城市设计领域的实地调查方法——环境行为学视野下的研究 [M].北京：中国建筑工业出版社，2013：7-8.
4　郑宗强.旅游环境与保护 [M].北京：科学出版社，2011：3.

载，此时将影响到这部分游客的满意度并产生抵触情绪，所以在确定风景旅游建筑的时候应该将游客的心理容量纳入设计依据之中。这种容量也称为旅游感知容量或旅游气氛环境容量，是需求方面唯一一个容量概念，根据环境心理学原理，旅游者在旅游时对环境在身体周围的空间有一定的要求，如果空间狭小、拥挤，便会导致情绪不安和精神不愉快。

然而，这种感知容量并不是一个稳定的数值，会因为时间、地点、人物而呈现出很大的不同，取决于旅游的性质、旅游者的经验背景、看待问题的方式、调整心态的能力等，有时候也和当地居民交往中扮演的性质角色有关。所以，在风景旅游建筑的设计中，应充分考虑旅游者的心理容量来调整风景旅游建筑的容量从而使得旅游满意度得到相应的提高。

旅游者对环境的基本要求（资料来源：改绘保继刚，1993[1]）　　　表2-5

旅游者类型	基本要求
荒野爱好者	不希望有商业性设施，寻求自然随意的环境，看到的人要少；期望宁静、清新、与世隔绝的气氛
运动爱好者	希望有起码的设施，追求自然气氛，希望有好的运动条件和较宁静的环境
野营者	一般以家庭或亲朋为活动团体，寻求自然的气氛，要求较大的活动空间；愿意看到周围有一些同类型的旅游者；希望有起码的设施
海浴者	一般呈小集体活动，希望看到较多的同类旅游者，追求略为热闹的气氛；要求设施完备
自然风景观赏者	希望充分体验自然美景，不愿意赏景人很多而破坏宁静气氛

2.4.3.3　风景旅游建筑应满足不同游客的景观偏好

偏好（preference）是一种人类对环境表示喜欢程度高低之态度。由于偏好具有比较性，所以偏好有程度上的差异，而且偏好的态度会反应在其所选择的行为上。人类通过环境的认知产生对周围环境的看法。Rapoport（1977）认为人与环境的交互作用包括知觉、认知与评估等三个阶段。而对周边环境的景观偏好最终会形成观赏者的美感体验。观赏者首先通过触觉、视觉、听觉、嗅觉以及味觉等接受来自环境的感官刺激，然后通过自身的生理状况、情绪状态、参与经验等心理状态因素进行组织加工，产生认知和组织的行为。而最后产生的美感体验还取决于观赏者的观赏方式、观赏时间、观赏序列等与观赏行为的相应关系（图2-15）。

1　保继刚，楚义芳，彭华. 旅游地理学 [M]. 北京：高等教育出版社，1993: 28.

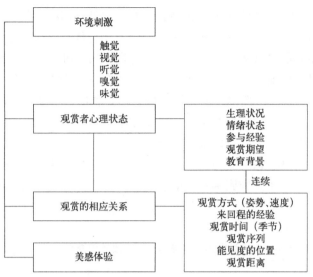

图 2-15　观赏者的美感体验过程

（资料来源：作者改绘）

　　风景旅游建筑作为风景名胜区内的重要景观组成，一种能给观赏者带来美感体验的人为景观设施，它与周边的自然环境、人文环境的一致性以及易读性、复杂性或者神秘性都将直接影响到旅游者对旅游活动的满意度以及重游意愿，所以在进行风景旅游建筑设计之前需要充分研究旅游者的潜在心理构想，做出风景旅游建筑的实证研究，为其规划设计与建造打下基础。

2.4.3.4　风景旅游建筑与游客的时空间行为

　　游客的行为既是旅游规划的基础，同时也是旅游规划的结果。旅游规划直接指导或影响游客时空间行为的形成，游客和时空间环境主客观两方面决定游客的行为[1]。游客的行为与旅游规划之间互为因果，游客的行为是否科学合理，既影响游客自身的体验质量，也是旅游规划成果质量的反映。

　　在景区内，风景旅游建筑是游客开展旅游活动的场所，并担负着为游客提供休憩、观景、餐饮、交流的空间功能[2]，也是观察游客时空间行为的重要节点，而目前已有的研究与实际规划设计项目中却很少有研究者对风景旅游建筑的规划与游客的时空间行为关联起来，尤其是基于风景旅游建

1　黄潇婷 . 时间地理学与旅游规划 [J]. 国际城市规划 . 2010（6）：40-44.

2　Nie Wei, Kang Chuanyu, Dong Liang. Study on Integrated Design of Building Facilities in Scenic Areas [J]. Journal of Landscape Research，2013，(9)：5-6,10.

筑节点对游客行为的观察，所以使得传统旅游规划的视角过于宏观与主观，而缺少对于游客时空行为观察与研究的微观与客观参考。本研究后续内容将以风景旅游建筑为节点，结合游客的时空间行为变化与需求，探讨游客在风景区中的游憩需求以及风景旅游建筑的使用状况。

第3章 风景旅游建筑与场地的空间环境耦合

"场地"是指风景旅游建筑拟建地带所处的自然物理环境与人文历史环境所包含的一系列因素。场地是所有建筑设计与创作的来源，也是建筑设计过程中需要不断改造与磨合的对象。风景旅游建筑设计前期以及概念设计阶段，对于风景区的地形地貌、气候的调研、场地的分析是决定风景旅游建筑规划与设计成败的关键所在，无论是对于地形的利用与改造还是对于自然通风采光的考虑，都是场地设计中考验建筑师的重要环节。

风景旅游建筑作为一个系统与其所处的场地空间环境系统之间存在着耦合关系，即风景旅游建筑的设计必须从所处的场地出发，与场地中的气候条件、地形地貌、植被条件以及文化特征相适应，反过来，建成后的风景旅游建筑将对场地的微气候、人文景观等产生重要影响，并成为场地空间环境中文化特征的重要组成部分（图3-1）。

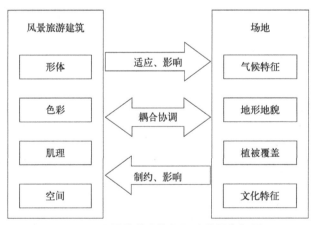

图 3-1 风景旅游建筑与场地的耦合机制

3.1 风景旅游建筑与场地的环境要素耦合

3.1.1 气候特征

"气候"是指一个地方随着时间的推移平均的天气状况。如果规划设计的中心目的是为人类创造一个满足需求的空间环境，那么就必须首先考虑气候因素，如何根据特定的气候条件进行最佳场地和建筑物的设计？用何种手段修正气候的影响来改善环境[1]？

3.1.1.1　气候分区与风景区的微气候分类

气候分区是指根据某种分类的原则和需要，把一定区域分成若干气候特征相似的小区域，人类认识气候的过程也是对气候进行分区的过程[2]。但是，由于风景区一般多处于人迹稀少的高山、滨海、森林等特殊的地形地貌区域，其气候特征与所处的建筑气候区划并不完全吻合，如山岳地区由于海拔高度会导致气温降低，临水的风景区地段也因水面的降温效应而比周边区域更加凉爽。因此，对风景区的建筑设施设计的气候考虑，更应该考虑景区内甚至建设基地内的微气候因素，旅游景区舒适的微气候是吸引旅游者、留住旅游者的重要因素之一。

大区域气候环境短期难以改善，但小环境的微气候可通过规划设计来改善。随着旅游人次数增加及旅游者停留时间增加，将导致有限的能源消费越来越多。改善微气候，以自然方式降热保温，减少能耗，节约资源，实现风景区三大效益是可持续发展的前提。同时人们需要自然健康的而非人工的舒适环境，改善微气候就是提供自然舒适的旅游环境[3]。相比于大气候、中气候、地区气候，微气候一般是指水平范围 10^{-1}（10^3m）、垂直范围 10^{-2}（10^3m）、时间为 24 小时以内的气候（表3-1）。

气候的空间尺度和时间范围（资料来源：夏伟，2009）　　　　表3-1

气候范围	空间尺寸（10^3m）		时间范围
	水平范围	垂直范围	
大气候（全球气候带）	2×10^3	3~10	1~6个月
中气候	$5 \times 10^2 \sim 10^3$	1~10	1~6个月
地区气候	1~10	$10^{-2} \sim 10^{-1}$	1~24小时
微气候	10^{-1}	10^{-2}	24小时

3.1.1.2　场地的微气候分析

改善微气候能够提高人的体感舒适度，在适当水平的温度和相对湿度条件下接受和阻挡风和阳光，可以使得场地的微气候舒适度得到一定的改

1　约翰·O.西蒙兹.景观设计学——场地规划与设计手册 [M].北京：中国建筑工业出版社，2009: 19.

2　夏伟.基于被动式设计策略的气候分区研究 [D].北京：清华大学，2009: 15-17.

3　董靓.湿热气候区旅游景区的微气候舒适度研究 [J].学术动态，2010（2）：1.

变与缓和，比如当温度低于热舒适区域的时候，阳光＋避风（接受阳光并阻挡风）的状态更有利于环境的微气候改变。所以，在风景区内进行建筑物的规划设计之前，必须对原有场地的微气候进行合理的分析才能够实时实地地适应保持或改变建筑设施内部与周边的微环境。

美国俄勒冈大学G.Z.布朗教授提出的"小气候分析法"，在场地的风分布以及日照分布的数据统计的基础上，将太阳与风两大基本气候要素进行了抽象与模块化处理，对建筑场地进行n×n格划分，并用不同的图示、数值来标注每一格阳光、风的状况，最终得出场地中每一块区域微气候分时段、分季节以及年度的微气候适宜数值（图3-2）[1]。

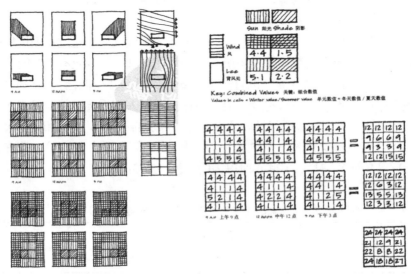

图3-2 "小气候分析法"示意图
（资料来源：G.Z.布朗，2007[2]）

"小气候分析法"是一种定性化与定量化相结合的微气候分析方法，适合建筑设计者对于建筑规划与选址进行决策性的选择工作，尤其是在风景区这种微气候对于人体热舒适影响较大的自然环境中，选用"小气候分析法"对于风景旅游建筑规划与设计具有现实与便捷的实践意义。该方法的核心之处在于对于场地气候条件，尤其是风环境的充分数据资源的获取，从而保证后期分析数值的合理性与准确性。

---

1 （美）G.Z.布朗．太阳辐射·风·自然光——建筑设计策略（原著第二版）[M]．北京：中国建筑工业出版社，2007：24-25.
2 （美）G.Z.布朗．太阳辐射·风·自然光——建筑设计策略（原著第二版）[M]．北京：中国建筑工业出版社，2007：9-11.

3.1.1.3 适应微气候的风景旅游建筑设计策略

气候是人类生存环境中最直接、最有影响的因素，气候对人的身体和气质都有影响[1]。由于所处地域的不同导致的气候差异对建筑形态、空间的形成产生重要的影响，甚至是最重要的生成因素。处于干热气候地区、湿热气候地区、高寒气候地区的建筑有着完全不一样的形态特征与空间组织方式，在不同的气候分区内的风景区内进行建筑物的设计与建设也应遵循其气候特征进行有针对性的、分季节性的微气候调节考虑（表3-2）。气候的次级因素主要有气温、湿度、雨雪、日照等，此外，对于风的利用以及规避也是微气候设计中所需要考虑的重要内容。

不同气候特征地区的分季节微气候调节需求指数（资料来源：作者整理） 表3-2

气候特征	春/秋				夏				冬			
	阳光	风	遮阳	避风	阳光	风	遮阳	避风	阳光	风	遮阳	避风
寒冷	3	1	0	2	3	1	0	2	3	1	0	2
温和	3	3	0	2	1	3	2	0	3	1	0	0
干热	1	3	2	2	1	3	2	0	3	1	0	2
湿热	1	1	2	2	1	3	2	0	3	1	0	2

注：微气候需求指数：0—最不需要，1——般需要，2—很需要，3—非常需要。

（1）风

风是场地内微气候的重要组成因素，无论是炎热时期的自然通风还是严寒时期的规避寒风都会直接影响到游客的游憩体验。改变风的走向与大小是风景区内微气候改变的重要手段，因为风的运动模式会随着它们与建筑形体的相互作用而发生复杂的变化（图3-3）。而其中最基本的三个控制空气运动的基本原理分别是：（1）因为摩擦，地表气流速度比空中小；（2）因为惯性，空气在遇到障碍物会倾向于继续朝同一方向运动；（3）空气从气压高的区域流向气压低的区域[2]。

除此以外，根据1957年Evans的风洞研究成果"建筑物周围气流"所述，表明了增加建筑物的高度可以显著增加空气流动的涡流区，而建筑物的宽度对涡流区的影响作用却不够明显，同时，坡屋顶的坡度增加能够使得风

---

1 荆其敏.设计顺从自然 [M].武汉：华中科技大学出版社，2012: 19.

2 （美）G.Z.布朗.太阳辐射·风·自然光——建筑设计策略（原著第二版）[M].北京：中国建筑工业出版社，2007: 17.

有较大偏移并加大涡流区的高度与宽度，从而可据此合理引入温润气流和规避寒冷地区的强风伤害[1]。

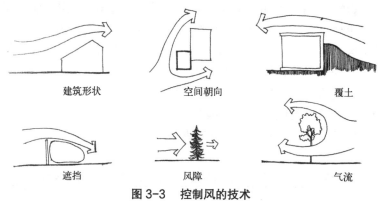

图 3-3　控制风的技术

（资料来源：改绘自荆其敏，2005[2]）

（2）温湿度

气温较高的地区，建筑的设计应尽量采用更为开敞的形式来增加空气流通，气温较低区域，建筑宜封闭处理，以保存室内温度，而温和的地区则可以考虑室外与室内的融合；湿度高的地方，多用干阑式建筑形式，将地板架空处理，防止来自地面的湿气，湿度较低的地区，气温虽高，建筑也应封闭处理，为了缓和昼夜较大的温差，取热容大的土或石料做厚墙，开小窗；如果需要通风，又不使外部的热空气进入室内，则白天放下百叶门窗，封闭室内，夜晚打开门窗让凉风进入。

（3）雨水与降雪

雨水与降雪的强度同样也会影响建筑的形式，降雨少的地区，屋顶平坦，屋檐伸出较少，雨量多的地区，采用坡屋顶，屋檐出挑深；多雪的地区为了耐积雪，多在建筑构造上加固，有的在步道上铺板条，便于通行。

（4）日照

低纬度地区南面接受日照，南半球北面接受日照，因此北半球建筑的主要房间要朝南；高纬度地区夏季，建筑的北面也可以接受日照。日照过于强烈的地区，要避免强日辐射则可采用骑楼以形成阴影，或采用双层隔热屋顶，以及运用百叶窗来防晒遮阳；日照不足的地区，宜采取玻璃屋顶以纳入更多的阳光。

1　荆其敏，张丽安 . 生态的城市与建筑 [M]. 北京：中国建筑工业出版社，2005: 26.

2　荆其敏，张丽安 . 生态的城市与建筑 [M]. 北京：中国建筑工业出版社，2005: 36.

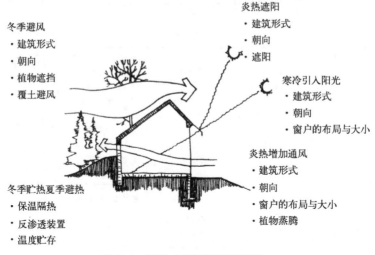

炎热遮阳
· 建筑形式
· 朝向
· 遮阳

寒冷引入阳光
· 建筑形式
· 朝向
· 窗户的布局与大小

冬季避风
· 建筑形式
· 朝向
· 植物遮挡
· 覆土避风

炎热增加通风
· 建筑形式
· 朝向
· 窗户的布局与大小
· 植物蒸腾

冬季贮热夏季避热
· 保温隔热
· 反渗透装置
· 温度贮存

图 3-4　被动式采暖降温示意图

（资料来源：荆其敏，2005[1]）

(5) 季节灵活性设计

同一个地区不同的季节所形成的气候特征也有所差异，尤其是在夏热冬冷地区，在夏季制冷和冬季采暖期间，风景旅游建筑的空间应较为封闭，而不进行机械制冷采暖时，建筑空间应较为开敞。对于遮阳方式来说，夏季应积极规避强烈阳光的照射，而冬季则应主动接收阳光进行保温采暖（图 3-5）。

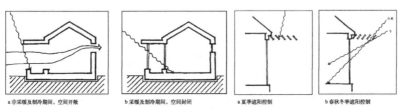

a 非采暖及制冷期间，空间开敞　　b 采暖及制冷期间，空间封闭　　a 夏季遮阳控制　　b 春秋冬季遮阳控制

图 3-5　季节灵活性设计示意

（资料来源：杨红等，2000[2]）

综上所述，风景旅游建筑的建造应该有自然技术来提供人类活动的舒适度，不要把人类的需求与环境独立出来。避免过分依赖机械系统来改变气候，因为这种依赖性代表不适当的设计、与环境脱节以及不可持续的资源使用。

1　荆其敏，张丽安. 生态的城市与建筑 [M]. 北京：中国建筑工业出版社，2005: 36.
2　杨红，冯雅，陈启高. 夏热冬冷气候下低能耗建筑设计 [J]. 新建筑，2000 (3) : 11-13.

气候分区下的风景旅游建筑设计策略（资料来源：作者整理）　　表3-3

分区		气候特征	设计需求	建筑设计策略	建筑设计手法
湿热地区	高温高湿	温度高（15℃～35℃）年平均气温在18℃左右，或更高，年温差较小，年降水量≥750mm，潮湿闷热，相对湿度≥80%，太阳辐射强烈，有眩光	遮阳并引入凉风；降低湿度；自然通风降温；低热容的围护结构	布局宜宽敞而分散；架空结构降低潮湿感；利用凉台、柱廊、天井等形式增加空气流通；利用植物的蒸腾作用降温	尽量减少密闭式空间和不利散热的形态；尽量加大屋顶的通风设施；利用延伸或分散式的布局提高通风效果；利用加盖的廊道来分隔房间加强通风；把会产生热量的房间（如厨房）加以分隔；提供有遮盖的户外活动区域，如走廊、阳台；充分利用夜间的清凉气温、微风和温度
干热地区	湿度低、昼夜温差大	太阳辐射强烈，眩光，温度高（20℃～40℃），年温差小、日温差大，降水稀少，空气干燥、温度低，多风沙	良好的遮阳与通风；增加湿度	最大限度地遮阳，厚重的蓄热墙体增加热稳定性，利用水体调节微气候，内向型院落格局	
寒冷地区	冬冷夏热	大部分时间月平均温度低于15℃，日夜温差变化较大，风，严寒，雪荷载	尽可能获取太阳辐射；避免坐落寒冷地区；最大限度地保温	建筑面向太阳运行轨迹，半地下结构减少热量损失，选择吸热的建筑材料；利用地表结构和已有树林形成屏障	把活动空间整合成最紧密的形式；采取全面的绝热设计，减少热量的流失；利用防风条、填充剂和通气口减小空气渗入；减少非阳面的开窗
舒适地区	冷热均衡	有明显的季节性温度变化（有较寒冷的冬季和炎热的夏季），月平均气温波动范围大，最冷月可至－15℃，最热月可高达25℃。气温的年变幅可从－30℃～37℃	夏季遮阳通风；冬季获取阳光、避风、保温		

3.1.2　地形地貌一：山地

在地形要素中，最重要的就是对于原始坡地的考虑，土地的利用会受到坡度的限制，而现实中的状况是出现越来越多的坡地误用的例子，而其中最常见的两种类型的误用是：（1）把风景旅游建筑设置在不稳定或潜在不稳定的坡地上；（2）风景旅游建筑的建设对坡地稳定性的影响导致土壤流失加速，坡地生态环境受到破坏。第一种类型的误用是源于没有对地形中原本存在的不稳定因素进行充分调查和分析；第二种类型的误用是目前风景区建筑设施建设中最普遍的现象，且主要的破坏包括大规模的挖填方与对排水方式的改变，由于在坡地上不恰当地建设建筑设施导致山地排水方式改变，加速了径流对地表的侵蚀。

在场地设计中利用坡度的变化可以解决很多问题。除了从一个高地到另一个高地需要周全地考虑如何过度以外，坡度变化还可以用于减少噪声，以及为毗邻的场地元素和地块创造在视野上的分隔。由坡度变化所造成的这种分隔将增加场地对象之间实际存在的距离[1]。自然地形是大自然所赋予的最适形态，它们是长期与大自然磨合的结果。适应它们就是要与适应这种地形的自然环境相协调[2]。

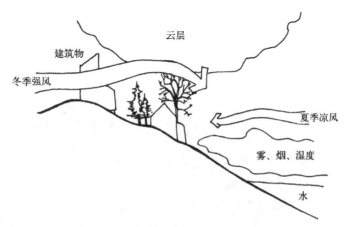

图 3-6　地形条件形成的建筑物场地微气候

（资料来源：作者改绘）

衡量建筑设施与土地之间的界面，尽量不要影响到整个风景区的特色、天际线、植物、水文和土壤。整合不同的功能和设施，减少单独的结构物，应在现有的地形内进行精密的配置，以减少"足迹"（footprint）。有效利用地形和精良的建筑配置，有助于减轻建筑设施造成的视觉影响，同时还可以利用框景效果与开放空间、景色所创造的节奏感来提高视觉品质[3]。

3.1.2.1　地形分类与风景旅游建筑的选址

在通常情况下，"地形"与"地貌"几乎是一对同义词，地理学中"地貌"也称为"地形"是地表各种形态的总称。在建筑学领域，"地形"被认为是"地

1　托马斯·H. 罗斯 . 场地规划与设计手册 [M]. 北京 : 机械工业出版社，2005: 59.

2　约翰·O .西蒙兹 . 景观设计学—场地规划与设计手册 [M]. 北京 : 中国建筑工业出版社，2009: 35.

3　台湾"内政部"营建署译 . 美国国家公园永续发展设计指导原则 [M].台湾"内政部"营建署，2003: 59.

貌"的一部分，是指地表的三维几何形状，偏重于形态学的范畴[1]。

无论是山岳型风景区、海滨型风景区还是湖泊型风景区，能够存在的地形地貌种类不外乎山与水的交互共存，只不过是山与水的不同形式的组合而形成独特的、具有旅游吸引性的自然景观。同济大学卢济威教授曾经将山岳型单一地形做了分类，主要分成山顶、山脊和山腰、山崖以及山谷、山麓、盆地三大类（图 3-7），这一分类较为适合对山地建筑设计所处的地形地貌进行分类化研究，但是却未将水体作为地形地貌的有机部分纳入研究当中。在进行风景旅游建筑设计探讨过程中，将临水的地形地貌作为重要部分是有必要的。本研究将在后面章节对水体建筑进行详细解读与相应策略进行探讨，本节将对不同山位的空间、景观特征以及宜建的风景旅游建筑类型进行初步探讨（表 3-4）。

图 3-7 不同山位特征及其对应位置

（资料来源：作者改绘）

不同山位的空间、景观特征与宜建风景旅游建筑（资料来源：作者整理） 表3-4

山位	空间特征	景观特征	宜建风景旅游建筑类型
山顶	中心性、标志性强	具有全方位的景观，视野开阔、深渊，对山体轮廓线影响大	观景亭、观景台等观景性建筑
山脊	具有一定的导向性，对山脊两侧的空间有分隔作用	具有两个或三个方位的景观，视野开阔，体现了山势	服务站、管理站等小型服务建筑以及观景设施

---

1 卢济威，王海松. 山地建筑设计 [M]. 北京：中国建筑工业出版社，2001: 2.

山位	空间特征	景观特征	宜建风景旅游建筑类型
山腰	空间方向明确，可随水平方向的内凹或外凸形成内敛或发散的空间，并随坡度的陡缓产生紧张感或稳定感	具有单向性的景观，视野较远，可体现层次感	视坡度、腹地大小而定建筑物的规模、类型
山崖	由于坡度陡，具有一定的紧张感，离心力强	具有单向性的景观，其本身给人以一定的视觉进展感	不宜建设风景旅游建筑
山麓	类似于山腰，只是稳定性更强	视域有限，具有单向性景观	游客中心、服务中心等各类大中型风景旅游建筑
山谷	具有内向性、内敛性和一定程度的封闭感	视域有限，在开敞方向形成视觉通廊	游客中心、服务中心等各类风景旅游建筑
盆地	内向、封闭性强	产生视觉聚焦	适合建设各类风景旅游建筑

（1）平地

在风景区内进行风景旅游建筑的规划设计过程中，大多会优先选择地势平坦，腹地较大的平地区域，因为无论是从安全性、经济性、生态性来说，选择平地都会优于其他地势地形较为复杂的区域。在平地进行建筑设施的建设首先会减少不必要的挖填方工作，同时具有较大的空间选择度，以及具有足够的施工空间，从而减小了施工难度，提高了施工过程中的安全性以及经济性，减小了挖填方的同时相应地减少了对原始生态环境的破坏。但是，对于很多风景区来说，并不会存在大量平整的场地进行建筑设施的建设工作。

（2）山顶

山顶一般具有较好的视野，中心感比较强，具有一定空间范围内的统领效果与观景效果。在山顶进行建筑设施的建设一般应设置观景亭、台以及其他功能单一的观景与景观性建筑设施。同时，在山顶进行建筑设施的建设，其安全性、经济性都较差，所以更应该考虑因地制宜地选材与加工方式，坚持宜小不宜大、宜简不宜繁的基本原则。在使用过程中，出于安全考虑，也不应设置游客长时间逗留的空间，应以穿过式建筑为主要形式。

（3）山腰

处于山腰的建设区域，视野与山顶相比具有一定的局限性，山体成为建筑设施的重要场景，此时的建筑设施更应该顺从于地形地貌，以不破坏自然景观为基本原则，同时考虑与山体的融入关系。山腰区域适合建设游客中心、小型服务站等中小型建筑设施。

(4) 山谷

山谷是两侧或三面被山坡包围的地形，也称为山沟或山坳，山谷空间具有一定的封闭性，视野有限，但对于山体的整体形象影响较小，所以当腹地较大时，适合建设各类建筑设施，作为游客入山途中的中转站以及休憩、服务场所。在此建设建筑设施要考虑到与景区主要交通流线的衔接问题。

(5) 滨水

滨水空间作为风景旅游建筑重要的建设场地的基本类型，主要出现在湖泊、海滨以及与山体同时出现的各种不同情形，滨水空间因水体特殊的景观资源以及微气候调节作用，成为风景旅游建筑选址的极佳选择。对于滨水建筑设施的设计策略将在 3.1.3 小节进行详细论述。

值得注意的是，不同形态的山坡反映着坡地的组成、过去的运动和潜在的不稳定性，所以为了评价不同形态的坡地是否适合进行风景旅游建筑的建设，我们必须了解坡地形态与其地质环境、土壤、水文以及植被条件之间的关系。如平滑的 S 坡一般意味着较为长期的稳定性，直坡和凹坡则是由于坡地受到破坏留下的痕迹，如滑坡、塌陷等，凸坡暗示着坡地中存在着抗压性岩床或沉积物的填充，不规则坡则意味着不同条件的地质特征[1]。所以，平滑的 S 坡和凸坡是进行风景旅游建筑建设较为理想的场地条件（图 3-8）。

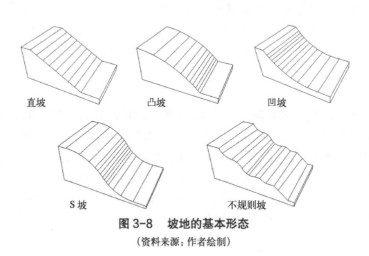

直坡　　　　　凸坡　　　　　凹坡

S 坡　　　　　不规则坡

图 3-8　坡地的基本形态

（资料来源：作者绘制）

除此以外，坡度对于风景旅游建筑的规划设计而言，也是非常重要的形态、空间生成影响因素。不同的坡度条件下，风景旅游建筑的建造难度

1　威廉·M.马什.景观规划的环境学途径 [M].北京：中国建筑工业出版社，2006: 83.

也有所不同，一般情况下，选择坡度平缓的用地作为建设用地，坡度控制在 10% 以下，对于坡度大于 15% 的用地则尽量避免建设大体量的风景旅游建筑（表 3-5）。然而，起伏的山地形态也为风景旅游建筑的创作提供了独具特色的基础条件，建筑师可以充分利用坡度起伏，灵活组织建筑空间，营造特色风景旅游场所 [1]。

风景旅游建筑的坡度适宜性（资料来源：改绘自徐思淑，2012[2]）　　表3-5

坡地类型	坡度范围	风景旅游建筑的场地布置与设计要点
平坡地	3%以下	建筑平面可较为自由地布置，但需考虑排水
缓坡地	3%～10%	建筑布置不受约束，可不考虑梯级
中坡地	10%～25%	建筑布置受一定影响，大体量建筑需设梯级
陡坡地	25%～50%	建筑布置受较大影响，应顺应等高线或成较小锐角布置
急坡地	50%～100%	建筑设计需做特殊处理
悬崖坡地	100%以上	不适合作为建筑用地

3.1.2.2　风景旅游建筑与地形的分离模式

山地型风景区生态系统的脆弱性与敏感性使人们从中得到的教训是，建设时尽量少破坏山体与植被，少变动水文条件，从而形成了"借天不借地"的建设理念，在建筑物建造中体现在减少建筑物接地面积、建筑底座与地形的分离模式，如干阑式住宅、吊脚楼等建筑形式 [3]。这种分离模式有利于建筑的防潮，并能够减少虫蝎的干扰。按照建筑与地形的分离程度，我们将其分为全架空模式与吊脚楼模式，前者是建筑基底与基地的完全分离，只由柱子支撑建筑物，后者为局部坐落于地表，另外部分架于柱子之上。

（1）全架空模式

随着框架结构系统的盛行，架空型建筑的形成变得更加方便和自然了，它能适应各种功能空间的划分需要，自由地形成建筑形体，可生存于各种坡度的自然地形中 [4]。架空的建筑形式增加了风景旅游建筑对特殊山地环境的适应性，减少了对山体地貌的影响，最大限度地保留了原有的覆土和植

1　宗轩 . 图说山地建筑设计 [M]. 上海 : 同济大学出版社，2013: 9.

2　徐思淑，徐坚 . 山地城镇规划设计理论与实践 [M]. 北京 : 中国建筑工业出版社，2012: 14.

3　卢济威，王海松 . 山地建筑设计 [M]. 北京 : 中国建筑工业出版社，2001: 102.

4　卢济威，王海松 . 山地建筑设计 [M]. 北京 : 中国建筑工业出版社，2001: 102.

被，还可以使得风景旅游建筑具有更为辽阔的观景视野。这种做法经常运用在风景区内处于山体中的观景亭或观景台，如海南三亚的亚龙湾风景区内，在保持植物原始风貌的同时，又不影响游客的观景眺望的需求，将组合型观景亭架于山体之上，得到了轻盈的形态效果与良好的观景效果。同时，其风景区内的观景度假酒店也采用这种全架空式的处理方式，成为三亚旅游的标志性景点（图3-9）。

图 3-9　亚龙湾风景区的观景亭与度假酒店

（资料来源：作者拍摄）

（2）吊脚模式

吊脚模式也就是风景旅游建筑的部分架空处理，相比全架空模式而言，吊脚模式在山岳型景区内的运用更多一些。其建筑设施的一部分与山体直接接触，另一部分靠柱子支撑于山体之上，从而形成了更为多样的建筑形态。同时，架空部分也可以成为建筑设施的可利用空间，从而满足了旅游活动的部分空间需求。如在亚龙湾风景区内的售票处，该建筑部分架空于山体，并形成了游客排队购票的空间，这种半室内半室外的灰空间更有利于游客与自然环境的接近，并形成了良好的空气对流空间，从而产生"穿堂风"（图3-10）。

图 3-10　亚龙湾风景区售票处

（资料来源：作者拍摄）

3.1.2.3 风景旅游建筑的地景化设计模式

关于建筑与地形的关系，现代建筑思潮中有过两种不同的观点，一种是地形主导建筑，另一种则是建筑主导地形，二者的共同点是都将地形地貌作为建筑的场景，建筑与地形地貌在形式、材质以及机理上不是和谐统一就是差异对比，但无论是和谐统一还是差异对比，最重要的都是不损坏地形地貌，不破坏生态环境。风景旅游建筑应该是全面考虑地形地貌和生态的关系，不仅要和谐统一，更应该顺应大自然，把设计纳入地形地貌之中，以地形地貌主导设计，以地景化作为风景旅游建筑重要的设计取向（图3-11）。

图 3-11　马丘比丘古城与现代地景建筑

（资料来源：整理自互联网）

（1）模式一：消隐——隐于地形

消隐是将风景旅游建筑的形态隐藏于风景区的地形地貌地景之中，使得风景旅游建筑成为地景中的一部分，主要表现形式为将大部分建筑物的体量隐藏于地下或者镶嵌于山体之中，最大限度地减小了建筑设施对自然环境的视觉与生态冲击。由于这种隐藏于地下或山体的风景旅游建筑缺乏自然的足够日照与通风条件，从而会导致建筑设施的内部空间微环境难以满足游客的舒适度需求，所以这种模式仅仅适用于处于山腰、山谷区域的规模与体量不大的建筑设施，如小型游客中心、服务站等。

此外，在山岳型风景区内，利用天然形成的洞穴来满足旅游活动的开展，将一些服务性建筑设施的功能嫁接于此，既能够满足基本功能，又能够节约建设成本，也不失为一种完整利用地形地貌的完美选择。

日本建筑师隈研吾设计的"中国美术学院美术馆"位于郊区的群山脚下，被优美的自然环境包围。美术馆形态与倾斜的地形相结合，并没有侵入到绿色的自然环境中（图3-12）。菱形的建筑形态创造了流动性的展览空间，交替变换的层高和空间，将参观者带到被自然景观包围的户外区域。当地原生的建材和回收再利用的材料让建筑从基地土壤中生长出来。

图 3-12　中国美术学院美术馆

（资料来源：整理自互联网）

（2）模式二：拟态——模拟地形

拟态是指将自然地形地貌的意向融入风景旅游建筑的形态设计中（具体内容参见后面相关章节），将风景旅游建筑介入、回应、整合和重构地形。模拟地形的做法打破了传统的建筑与地形异质化的对立关系，以风景旅游建筑的形态来表现和强调场地的地形特征，从而适应场地地形，模糊建筑和景观的界线，使风景旅游建筑与地形之间表现出一种相似融合的形态关系[1]。

地形本身的褶皱、起伏、绵延和断裂等自然特征成为风景旅游建筑形态塑造的契机。风景旅游建筑与地形之间形成连续的异质转换，建筑物的个体特性和大地的整体特性并行存在。对地形拟态的做法不仅体现在建筑设施形体的处理上，就连内部空间的形态和组织也都可以反映自然地形的影响[2]。

位于台湾宜兰的兰阳博物馆外观的设计灵感来源于山坡的倾斜面，整座博物馆展示空间正是在这块"岩石"中布局开来（图3-13）。博物馆紧邻 Wushih 港口，这里曾是一个繁荣的港口，现在已经变成了湿地[3]。博物馆的形体以抽象的山体为特征，旨在与周边山体环境的呼应和谐，同时反映出兰阳独特的历史、文化和景观。为了重塑这个海港的历史，宜兰独特的湿地类型也是博物馆周围的一大特色。

综上所述，风景旅游建筑与场地空间的关系以及做法，应该统筹考虑场地所处的气候特征、地形地貌特征以及建筑物的功能、体量等各种要素，从而较好地选择与场地最为匹配、耦合的建筑形式与空间（表3-6）。

1　边策. 地形建筑的形态设计策略研究 [D]. 北京：北京工业大学，2010：38.

2　王立昕. 旧瓶新酒：浅谈掩土建筑的复兴 [J]. 建筑创作，2004（5）：28.

3　引自兰阳博物馆官方网站：http://www.lanyangnet.com.tw/ilmuseums/tc-3.html.

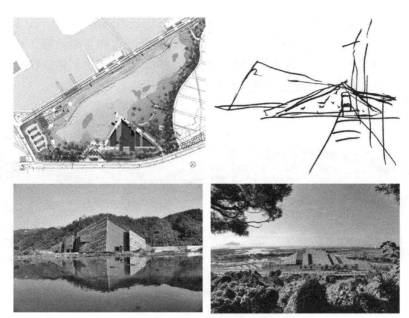

图 3-13　台湾宜兰兰阳博物馆

（资料来源：兰阳博物馆官网）

风景旅游建筑与山地的关系分类及其特征（资料来源：作者绘制）　表3-6

与山地的关系模式大类	亚类	空间特征及其适用范围
分离模式	全架空	与场地之间通过柱子连接，适合于中小规模的风景旅游建筑
	吊脚	局部通过柱子与场地连接，形成丰富空间，适合于各类风景旅游建筑
地景化模式	消隐	建筑空间大部分处于地下或隐藏于地形之中，适合于大型风景旅游建筑
	拟态	外部形态与内部空间能反映自然地形特征，适合于体量较大的风景旅游建筑

3.1.3　地形地貌二：水体

自由的水体是自然界中的奇丽景观，也是人类和其他生物界赖以生存的必要元素，水对于所有的人都有着不可抗拒的吸引力，所以人类总是不自觉地趋向于水边[1]。在市政设施不具备或不完善的风景区内，旅游活动对于水的需求以及原始水体的利用显得尤为重要。

1　（美）约翰·奥姆斯比·西蒙兹. 大地景观——环境规划设计手册 [M]. 程里尧译. 北京：中国水利水电出版社，知识产权出版社，2008：50-51.

水体以湖泊、河流、瀑布、湿地的形式出现在不同的风景区内，湖岸、河流边界和湿地一起形成了鸟类和其他动物的自然食物资源和栖息地（图3-14）。在进行风景旅游建筑设计与建设的同时，需要考虑对建筑物周边的水体保护，避免开发建设和游客活动对水体的污染与生态的破坏。

图 3-14　风景区内静态与动态的水景观

（资料来源：整理自互联网）

3.1.3.1　水的生态与风景意义

在自然环境保持较为原始，市政管网缺乏的风景名胜区内，游客与管理人员的饮水、清洗、烹调以及冲厕所都离不开水，而污水的排放也都将对环境产生较大影响，处理方式的选择也需要慎之又慎。为了减小建设以及后期维护的成本，风景旅游建筑的建设一般都将选择位于自然水体附近的区域进行。

保育是风景名胜区供水计划的基础，将低品质水源的污水、废水和多余的雨水用来冲厕所或灌溉植物应该是风景旅游建筑设计中需要考虑的问题，而在海滨的风景名胜区里，将海水用来冲厕所也是一种节水保育的做法。在与资源关联式的开发里，应该向游客介绍水的来源以及供水过程中所用的能源种类，如果是透过基地外的设备来供水的话，也必须收集同样的信息与游客分享，告知目前所采用节约用水的方法与手段。如在日本的市政工程当中，雨水的收集系统工程已经成为不可或缺的一部分，让回收的雨水能够再次被利用（图3-15）。

我们在希望得到雨水的同时，也要避免暴雨对建筑设施以及场地所带来的伤害，在建筑设施的场地规划设计中，应保持原有的地表透水性，减小建筑物及周边道路、广场的面积，用透水性铺装代替不透水的传统水泥铺地，从而在暴雨来临之时，让雨水能够迅速渗入地下，避免侵蚀地基与基础（图3-16）。

对于大多数人来说，水面的波光粼粼可以引起发现般的激动和快乐。不仅是景色，水声也会激起愉悦的感觉，我们似乎完全习惯了水的语言——

冰消的滴落与潺潺声，溪流的飞溅声，惊涛击岸的碎浪声和水边的鸟鸣声——我们几乎都可以用耳朵欣赏，每一瞥、一看，水景都是一幅最美的景色[1]。

图 3-15　日本雨水收集系统施工

(资料来源：乌恩微博，2013)

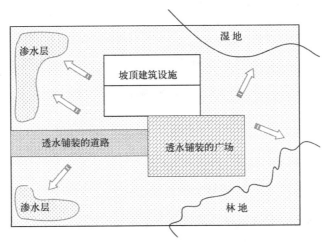

图 3-16　理想的风景旅游建筑场地渗水模式

(资料来源：作者绘制)

　　除此之外，河流与水体长期为我们提供最普遍的户外活动形式，如划船、钓鱼与游泳。沿着堤岸可以发现更多的更加优美的景色，水体为我们视野中的山水画铺下了晶莹的底色。在进行风景旅游建筑设计的时候，巧妙处理水体的风景利用以及水体与建筑的形态关系，尽量减少开发建设对水岸地区所造成的视觉影响，同时也考虑从水上观看沿岸时的景观。

1　[美]约翰·O.西蒙兹.景观设计学——场地规划与设计手册 [M].北京：中国建筑工业出版社，2009: 45.

3.1.3.2　水体的微气候调节

相关研究证实：水体大小、形状及接近程度对温度、湿度、风速风向等微气候要素均有影响[1]。水体作为炎热地区良好的温度调节器，可以通过水体的热容效应起到降温的效果。极端温度因潮湿和由此而生的植被得到缓和，这种效应通过规划用地、建筑与开阔水体之间的合理布局而得到提高。

在水体附近，白天微风拂过水面吹向陆地。陆地的温度比水温升高得快，致使陆地上面的空气上升而被水面上空过来的空气所取代。在夜里，气流翻转过来，微风从陆地吹来，因为陆地温度比水温降低得快，水温比陆地温度高，水面上的空气上升并被陆地上吹来的温度更低的空气所取代，形成所谓的"水陆风"（图 3-17）[2]。

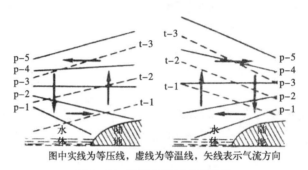

图中实线为等压线，虚线为等温线，矢线表示气流方向

图 3-17　地形差异形成水陆风

（资料来源：互联网）

水体的微气候调节作用除以上所述的温度缓冲效应以外，还具有增加空气湿度与增强风速（水体较陆地粗糙度较小）的效果。

3.1.3.3　结合水体的风景旅游建筑设计策略

风景旅游建筑与水体的空间关系可分为临水、挑水、入水三大类，前者为濒临水体却与水体不产生空间上的直接接触，或者避让之（建筑设施与水体的距离不大于 200m），挑水者为建筑设施在竖直空间上与水体部分重合，但本身并不接触水体，后者则指建筑设施在竖直方向与水体完全重合，或直接与水面接触，或嵌入水体之中（图 3-18）。

（1）临水而建

临水的风景旅游建筑与水体、流线的空间关系主要有如下（图 3-19）五种情况（图中的流线为风景区内的非机动车流线），如情况 A 意为风景

1　郭伟，等．城市绿地对小气候影响的研究进展 [J]．生态环境，2008（6）：2520-2524.

2　G．Z．布朗．太阳辐射·风·自然光——建筑设计策略 [M]．北京：中国建筑工业出版社，2007：17.

旅游建筑位于流线与水体之间,且主入口朝向道路。五种情况的不同并非单独取决于某一设计条件,而应该是综合考虑道路选线、腹地大小、气候条件以及其他可能影响设计的因素。

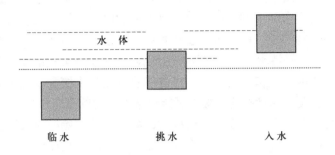

图 3-18　风景旅游建筑与水体的空间关系分类

(资料来源:作者绘制)

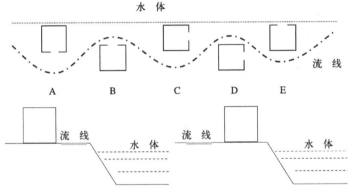

图 3-19　临水风景旅游建筑与道路、水体的空间关系类型

(资料来源:作者绘制)

(2)挑水而筑

挑水的风景旅游建筑,其建筑结构主要部分处于陆地之上,而小部分构筑部分出挑于水面,与水体产生直接对话,产生使用者与水体的亲密接触关系,风景旅游建筑成为水体的重要组成与景观要素。风景旅游建筑与水体产生联系的部分主要措施有水下立柱、廊台悬挑等方式。

(3)入水而居

入水的风景旅游建筑,其基地处于水体之中,且被水体包围,与陆地的联系方式为桥梁或是地下通道,风景旅游建筑在视觉上完全脱离了陆地,因此往往成为水体的"代表"与陆地形成对话关系,入水的风景旅游建筑由于没有可以参照的形式体系,多采用中心对称的体量,形成自身形式的完整性,圆形或正多边形是较多采用的平面形式。

3.1.4 植被覆盖

3.1.4.1 植被的生态保持

地形的保持离不开原生态的土壤，而原生态的土壤依赖于植被的保护，从而能够经受雨水的冲刷，这些植被对土地的保护功能在很多情况下都很相似，因为植物的根、枝条等，连同腐败的叶子、嫩枝和树枝，紧密盘结在一起，吸收并保持水分，并使其渗透地表 [1]。植被对坡地的保持具有重要意义，这主要取决于植被的类型、植被覆盖密度和土壤类型三个因素，具有发达根系、覆盖密度高的植被无疑能够增加坡地的稳定性。

当进行风景旅游建筑设计与建设时，如果对于原始的植被进行了大规模的砍伐或破坏，势必会导致地面的径流不受阻滞，从而使得土壤切割成沟，甚至形成集水沟，最终的结果是使得从风景旅游建筑场地至地势较低处造成较大破坏，如使得下游的河流、湖泊甚至农田填满淤泥，从而不得不花费更多精力进行植被与地形的修复工作。除此之外，自然环境中的植被系统还是野生动物的栖身之所以及果腹之物，对于植被的保护有着重要的食物链保持意义。

3.1.4.2 植被的微气候调节

除此以外，现存植被对于缓和气候问题有着不可忽视的作用，遮蔽地表、储存降水有利于制冷，并保护土壤和周边环境不受冷风的侵袭，同时，植被可以通过蒸腾作用使得燥热的空气冷却、清新（图 3-20）[2]。当然，对于植被最基本的遮阳作用和抑制风速的作用也是改善场地微气候的重要手段。

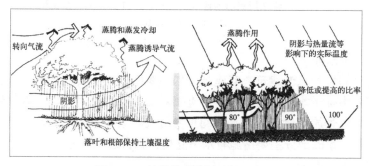

图 3-20　植栽的遮蔽与降温示意图
（资料来源：哥伦比亚大学永续设计中心，2006）

1　[美] 约翰·奥姆斯比·西蒙兹. 大地景观——环境规划设计手册 [M]. 程里尧译. 北京：中国水利水电出版社，知识产权出版社，2008: 53.

2　约翰·O·西蒙兹. 景观设计学——场地规划与设计手册 [M]. 北京：中国建筑工业出版社，2009: 28.

自然环境中的植物，在光合作用过程中，从空气与土壤中吸收养分，并在阳光的照耀下，将二氧化碳转换为氧气和碳水化合物，从而净化了空气，从土壤与地下水吸收的水分，从叶片以蒸气的形式散发，这种冷却与湿润的功能有效地改善了干热区域风景区的微环境，并稳定了其他生物的生长。

炎热的夏日，风景旅游建筑需要借用自然风来进行降温通风，到了冬天则需要利用植被的遮挡效应来阻挡寒风对风景旅游建筑的侵袭，所以选取合适的树种以及相对于建筑设施合适的位置进行合理利用或种植植物是进行微气候调节的重要手段之一（图3-21、图3-22）。

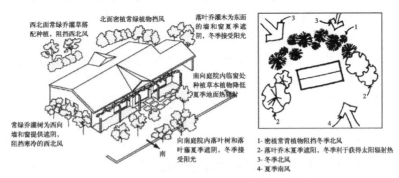

图3-21　植物对风景旅游建筑的微气候影响

（资料来源：改绘自陈睿智，2013[1]）

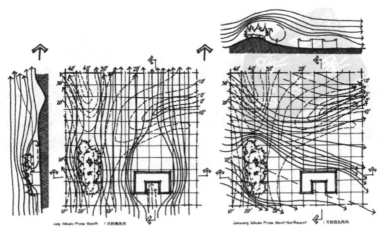

图3-22　应对风向变化合理的植被—建筑空间关系

（资料来源：G·Z·布朗，2007[2]）

1　陈睿智.湿热气候区旅游景区的微气候舒适度研究 [D].成都：西南交通大学，2013：64.

2　G·Z·布朗.太阳辐射·风·自然光——建筑设计策略 [M].北京：中国建筑工业出版社，2007：17.

相反，在风景区内进行大规模外来物种草坪的种植却对环境的危害很大，因为它们的维护需要使用杀虫剂、化肥、灌溉等，以及持续不断的修剪。所以在进行草坪种植时，应尽量规模小并使用本土的物种，通过感官质量和对干旱的抵抗能力来进行选择。

3.1.4.3 植被的建筑环境调和

植被的景观作用在风景区规划设计中不言而喻，除此之外，在风景旅游建筑的设计中，要善于利用自然植物的界面软化、调和作用，来降低风景旅游建筑对环境所造成的视觉影响和不协调性。同时，在适合的气候条件下，通过减少围墙、创造户外活动空间等，可以增强风景旅游建筑和周边环境的相互关系以及利用植物来遮挡不利的景观朝向。

（1）软化风景旅游建筑界面

"界面"是指两个或两个以上的不同物件之间的交界面[1]。处理好风景旅游建筑与外部环境的界面问题是调和建筑与环境问题的关键所在，在自然环境保持较为完好、人工痕迹较少出现的区域，尤其是自然保护区域内，风景旅游建筑的基本形态以隐匿于环境中为最佳。在风景旅游建筑体量过大或功能复杂等原因而自身无法满足形态的藏匿时，利用植物的种植遮蔽作为软化的空间界面可以起到视觉阻挡、弱化建筑与环境差异的效果（图 3-23）。

图 3-23　台北野生动物园利用植被软化建筑界面
（资料来源：作者拍摄）

（2）遮挡或围合户外空间

除了上述对风景旅游建筑的界面软化效果以外，利用植物来突出或遮蔽地形，围合户外空间也是常常被运用的手法[2]。利用植物的遮挡性，来突

1　蔡仁惠.生态界面 [M].台北：台北科技大学，2010: 8.
2　宗轩.图说山地建筑设计 [M].上海：同济大学出版社，2013: 56.

出强化地形，使高处更高，或凹处更低，或者使地形显得平坦，从而组织风景旅游建筑户外空间的景观，利用植物显示韵律（图 3-24）。

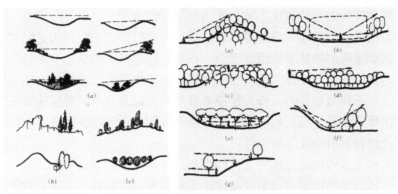

图 3-24　植物的空间遮挡与修饰作用
（资料来源：徐思淑，2012[1]）

（3）遮蔽不利景观

风景旅游建筑是游客观赏自然景观的重要场所，对建筑视野的塑造需要基于对场地内周边环境和景观的了解，将风景旅游建筑界面向场地内外的景观打开，是为建筑打造良好视野的基本处理原则。对于不利的景观，如山地滑坡地带等自然灾害易发的视觉景观以及过大的水流噪声等，植物则可以成为遮蔽不利景观的重要手段。

3.1.5　文化特征

广义上，有形的文化资源包括与古今人物、文化、人类活动和事件有关的基地、结构物、景观、物件和历史文物，也涵盖了动植物和其他文化界定义的食物、手工艺品和祭祀品的自然资源，甚至包括天然或特定的景观风貌等。无形的文化资源包括了家庭生活、神话故事、民间传说、民谣、民俗利益、民俗舞蹈等。大部分文化资源都是独一无二的，一旦有了闪失则不可能更新再造[2]。

在风景区进行旅游活动开展的时候，当地的文化特征与异域风情往往也成为吸引游客的重要因素，风景区内的文化景观或人文资产也是场地要素的重要组成部分，但是，当前各地的风景区内，对于文化资产的开发或者停留在形式主义的表面之上，挖掘不深，或者作为炒作以及赚钱的手段，

1　徐思淑，徐坚 . 山地城镇规划设计理论与实践 [M]. 北京：中国建筑工业出版社，2012: 14.
2　台湾"内政部"营建署 . 国家公园设施规划设计规范及案例汇编 [M]. 台北：台湾"内政部"营建署，2003: 27.

让当地真正的文化没有得到永续继承与发展。

3.1.5.1 传统建筑的适应性再利用

风景区内的传统建筑主要包括当地居民的传统住宅以及以祠堂、庙宇为核心的部分公共建筑设施等。这些建筑大多经历了一定的历史时期，是风景区旅游吸引物重要的组成部分。在风景区进行旅游活动开发时，对于传统建筑的态度与处理方式直接影响到风景区旅游活动的价值取向与旅游品位。对于传统建筑的大拆大建或者过度开发都是当今风景区建设开发中经常出现的乱象，而正确的做法应该是合理利用传统建筑的既有空间，进行适应性再利用的设计与经营。

对风景区内传统建筑的适应性再利用既降低了对原始环境的破坏，又提高了风景旅游建筑建设的经济性。适应性再利用的基本前提是对原建筑物的功能转换，并遵循因地制宜、"量体裁衣"的基本原则[1]。适应性再利用需要满足既有建筑与风景旅游建筑之间空间结构的相似性或者空间结构改造的可行性，当简单地改造无法满足风景旅游建筑对于空间的需求，则可以考虑对既有建筑在水平与竖直方向的扩建。风景区内传统建筑功能转换的基本方式主要包括旧功能的延续与拓展、旧功能的转注、新旧功能的置换等。

（1）旧功能的延续与拓展

将传统民居进行适当的空间调整而作为游客体验与感受当地生活的民宿建筑是对民居建筑居住、生活功能的一种延续与拓展。在台湾地区，民宿业发展已经非常成熟，成为各大公园、风景区内接待游客住宿的重要方式，这种让游客与当地居民一起居住、生活的交流方式更加能够让游客体会到当地的风土人情，也为风景区内的建设降低了成本，以及缓解了旅游旺季传统旅馆爆满、淡季旅馆惨淡经营的局面。同时，当地居民也乐意将自己空闲的房间租住给外地游客，以增加经济收入，满足自身的日常生活开支（图3-25）。

（2）旧功能的转注

旧功能的转注是一种用新的视角来看待旧建筑空间与功能，让传统建筑重新有了存在下去的理由[2]。这种做法在风景区内是对传统建筑或既有建筑物再利用的重要手法，通常情况下是将原建筑物的功能或场景进行多模式化再现，让游客在原生空间对某些生产工艺或生活细节产生零距离了解与感知。

---

1 贺静. 整体生态观下既有建筑的适应性再利用 [D]. 天津：天津大学，2004: 93.

2 贺静. 整体生态观下既有建筑的适应性再利用 [D]. 天津：天津大学，2004: 96.

图 3-25　台湾澎湖地区居民利用自宅经营民宿与零售活动

（资料来源：作者拍摄）

我国台湾新北市金瓜石景区原为日据时期日军进行金矿采集冶炼的场所，台湾光复之后，原矿区废止并在其遗址基础上进行了旅游观光业的开发，在原始的坑道中复原矿工劳作场景，生动地将既有建筑空间与旅游活动结合起来，这种做法既减少了风景旅游建筑的重复建设，又能够在提供旅游活动的同时保护历史建筑（图 3-26）。

图 3-26　台湾新北市金瓜石景区利用原坑道重现矿工工作场景

（资料来源：作者拍摄）

（3）新功能的置换

用新功能代替传统建筑原有的功能，赋予传统建筑空间新的生命，是人们对待传统历史建筑的普遍手段，这也适合于风景区内的传统建筑或既有建筑。台湾日月潭风景区内车埕景点位于水里乡明潭坝顶下方，是铁路集支线的终点，在日据时期曾经因兴建大观发电厂以及木材业而兴盛一时，也是振昌兴木材厂所在地。原厂区废弃以后，当地政府并未将厂房、车站、轨道等拆除，而是利用这些具有历史的设施与建筑为旅游观光业服务，将车站、厂房改建为游客中心、购物场所等，给予游客旅游服务的同时也给予他们时空穿越与驻留的回忆（图 3-27）。

图 3-27　台湾日月潭风景区利用原车埕厂房改建游客中心

（资料来源：作者拍摄）

3.1.5.2　向传统建筑学习设计

人们不止是因为怀旧才重视传统建筑，它们最重要的价值是反映出建筑物坐落位置的气候、自然环境以及当地现成的建筑材料。此外，它们更可以作为新建建筑的标榜，许多受保护的建筑物、区域和景观都具有当地的建筑设计风格，它们无一不是利用当地现成的建筑材料与工艺所建成[1]。

建筑设计大师徐尚志曾经说过："建筑风格来自民间"，但绝对不是照葫芦画瓢，把民间的传统建筑形式原封不动地搬过来，而是要从中得到启示，吸取养料来丰富我们的创作源泉，活跃我们的设计思想和创作手法[2]。同时，他还强调：任何一种建筑风格都不是一成不变的，它只是一定时期和一定地区范围内表现在建筑形式上的共同特征，即强调建筑物的历史与地域的"史地维度"[3]。

（1）传统材料与工艺的继承

对于具有一定的文化底蕴的风景区来说，其区域之内一定会具有一套较为成熟与稳定的建筑建造体系，包括特定的建筑材料与结构形式、建造工艺等。那么在这一类风景区内进行风景旅游建筑的设计则具有了绝佳的

1　台湾"内政部"营建署译. 美国国家公园永续发展设计指导原则 [M]. 2003: 21

2　徐尚志. 建筑风格来自民间——从风景区的旅游建筑谈起 [J]. 1981（1）：49-55.

3　"史地维度"一词引用自同济大学常青教授的视频公开课程相关内容。

模仿对象，将传统的建筑材料与工艺运用到新建的风景旅游建筑当中，既能够满足风景旅游建筑的经济性、气候适应性的要求，又能够向游客展示当地的文化底蕴与建筑风格。

在台湾的澎湖吉贝岛，这里的传统建筑形式是在毛石墙裙之上垒实以海边的珊瑚礁，这些已经被海风、海水侵蚀过的建筑材料具有与生俱来的抗风化作用，其独特的建筑色彩与肌理也成为了澎湖地区的文化象征。澎湖地区很多新建的风景旅游建筑也继续沿用这一套成熟的在地建筑体系，将澎湖的海滨文化体现在风景旅游建筑的设计与建造之中（图3-28）。同样，在日月潭风景区的九族文化村中，为了将台湾地区的少数民族文化生动地展示给游客，管理部门将传统的高山民族建筑材料石、木、毡草等运用在游客中心、景区大门等风景旅游建筑的建造中（图3-29）。

图 3-28　台湾澎湖吉贝岛上利用珊瑚礁建造的风景旅游建筑

（资料来源：作者拍摄）

图 3-29　台湾日月潭风景区九族文化中的传统建筑材料与工艺的再现

（资料来源：作者拍摄）

（2）新旧材料与工艺的混搭

对于传统建筑，尤其是民居建筑的模仿与继承，可能更多的适合于一些规模不大、结构不复杂的风景旅游建筑，对于一些大型的、对空间要求比较高的建筑设施中，如果采用完全的传统建筑材料与结构体系，可能会提高建设成本，而将新旧建筑材料与工艺混搭使用可能更为合适。如将新型的建筑结构作为主要结构，传统材料作为表皮的处理方式，虽然建造手段不够纯粹，但是也是现阶段风景旅游建筑较为折中的选择（图 3-30）。

图 3-30 地域性材料与新工艺相结合的游客中心

（资料来源：作者拍摄）

为了满足旅游业的发展要求，一些风景区内的游客中心规模已经大大超过了传统民居，而其中的等待式大空间也需要运用现代的钢筋混凝土结构才能满足。所以为了与传统文化产生关联，游客中心多采用在现代建筑结构外增加一层传统表皮的做法。另外，将地域性建筑材料与具有创新性工艺做法相结合的做法也值得提倡，如用钢筋捆扎当地石材的金瓜石游客中心，既体现了当地的石材文化，又运用全新的建造手法，给予游客一种不一样的文化感受。

场地优先是强调最大化地考虑场地的价值，以生态可持续和景观功能为出发点，在平衡各种场地因素后以生态为主导的设计理念。将场地优先设计理念引入风景旅游建筑设计意味着设计要结合自然山水，维持风景区生态结构的完整性、连续性，同时强调注重景观体验。

最终出炉的场地外形如果超出了合适的比例或者平淡无趣就可能不为人所接受，而吸引人的、令人感觉舒适和有趣的空间则更讨人喜欢，场地平整的最终外观与其功能同等重要。大多数人认为更加贴近自然的户外空间在视觉上是最令人感兴趣、最吸引人的[1]。

3.2 风景旅游建筑与场地的空间要素耦合

类比于美国城市规划学家凯文·林奇"城市意象"[2]的五大构成要素，道路、边界、区域、节点以及标志物，风景区的空间系统也可分为与这五大要素相对应的构成要素，"边界"——区分风景区与城市或乡村区域的

---

1 托马斯·H. 罗斯. 场地规划与设计手册 [M]. 北京：机械工业出版社，2005: 57.

2 [美] 凯文·林奇. 城市意象 [M]. 方益萍，何晓军译. 北京：华夏出版社，2011: 9-10.

界限，是对整个风景区进行空间界定的线性要素，可能是围墙、山体或者海岸等；"区域"，则是风景区边界以内的所有空间，具有一定的"进入感"；"道路"——联系、串联风景区内各大景点、吸引物的车行道、步行道系统的总和，也是游客观景的重要流线；而"节点"则对应着风景区内的景点、吸引物以及游客往来行程的集中焦点，如集散地、广场等；"标志物"则恰好对应着风景区内的风景旅游建筑（图 3-31）。

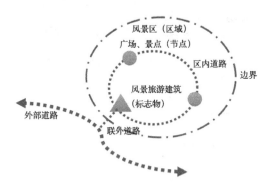

图 3-31　风景区的空间系统构成

（资料来源：作者绘制）

　　风景区内的交通流线是串联区内各大景点、风景旅游建筑以及让游客了解风景区的重要媒介。按照等级，风景区内的交通流线主要可分为主要流线、次要流线，按照交通方式与道路形式可分为车行道、自行车道以及步行道。风景区内的不同形式的道路应依据环境的自然度、分区定位与准入性的评估前提下进行导入，并审慎考虑道路与风景旅游建筑之间的空间衔接，从而保证了风景区内人工环境的景观完整性与空间连续性（图 3-32）。

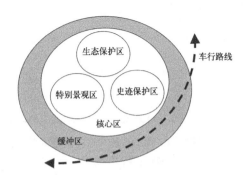

图 3-32　车行路线的分区准入

（资料来源：改绘自台湾内政部营建署 [1]）

1　台湾"内政部"营建署. 国家公园设施规划设计规范及案例汇编 [M]. 台北：台湾"内政部"营建署，2003: V-4-3.

3.2.1 与机动车流线的衔接

在风景名胜区的空间构成中，大中型风景旅游建筑常常与疏散广场、集散地等一同出现，同时伴随机动车辆的进入，停车场空间也成为风景区交通换乘、大型出入口的重要组成，并与风景旅游建筑（含广场）、车道一起构成风景区大型服务空间系统（图 3-33）。

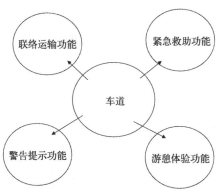

图 3-33　车道的功能构成

（资料来源：作者绘制）

根据风景旅游建筑与停车场、车道的空间关系不同，我们可以将服务空间系统分为以下几大类情况：a. 停车场与风景旅游建筑并行设置于车道一侧，适用于腹地较大或交通流量不大的区域；b. 停车场与风景旅游建筑递进设置于车道一侧，适用于交通流量、停车数量较小以及腹地不大的区域；c. 停车场与风景旅游建筑分别设置于车道两侧，适用于用地深度有限或交通流量较大的区域，以及受地形影响，不得不分开设置的情况（图 3-34）。

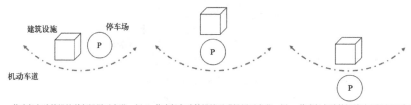

a.停车场与建筑设施并行设置于车道一侧　b.停车场与建筑设施递进设置于车道一侧　c.停车场与建筑设施分别设置于车道两侧

图 3-34　停车场、建筑设施与车道的空间关系分类

（资料来源：作者绘制）

中大型风景旅游建筑通过广场空间与道路相连，建筑、广场与道路应作为一个完整的系统进行考虑（图 3-35）。区内机动车与风景旅游建筑，尤其是游客中心的衔接，一般都伴随着交通工具的转换或交通方式的转变，主要有机动车—机动车、机动车—非机动车（电动车、自行车、步行）两种基本类型。

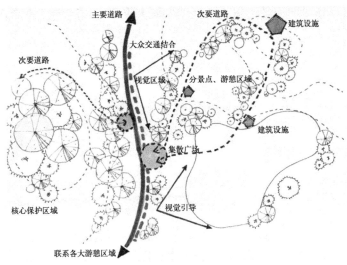

图 3-35　风景旅游建筑与风景区道路系统

（资料来源：作者绘制）

3.2.1.1　机动车—机动车的转换

在风景区内，尤其是核心景区，为了缓解机动车对环境的影响以及对区内道路的流量控制，一般情况下，景区都会采取机动车换乘的方式让游客集中并统一进入。这时，风景区建筑设施就充当着交通转乘、空间转换的功能，主要形式为游客中心或换乘中心等（图3-36）。

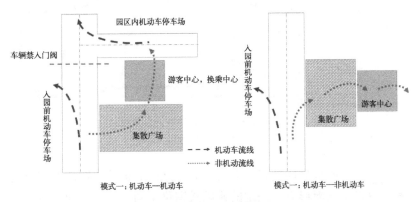

图 3-36　交通换乘入园的两种模式

（资料来源：作者绘制）

从机动车道到集散广场，再到游客中心，空间经历了由开敞到封闭的两次过度，空间的封闭度逐步升高，所以作为中介空间的集散广场应具有半开敞、半封闭性，从而使得空间的变化变得流畅与顺其自然。具体的手段是丰富广场空间，利用植物、廊架等元素来增加广场空间的遮蔽性与空间限定（图3-37）。

图3-37　机动车—机动车的空间转变模式

（资料来源：作者绘制）

3.2.1.2　机动车—非机动车的转换

从机动车到非机动车的交通方式转变，意味着游客的游览方式也将发生一定的变化，即由被动式观光模式转向主动式观赏模式。这种转换模式将带来空间封闭性的二次变化，先由道路的开敞、广场的半开敞，到建筑的半封闭，再从半封闭到室外空间半开敞的过渡（图3-38）。

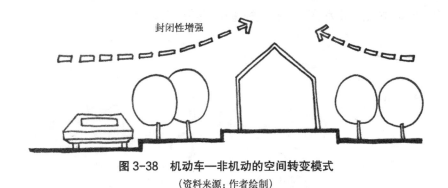

图3-38　机动车—非机动的空间转变模式

（资料来源：作者绘制）

当然，一些植被条件良好，尤其是热带地区的机动车道两侧都具有较好的植被覆盖，从而形成了一定的密闭式道路空间，这种空间有利于温度的降低和防止眩光产生，具有良好的生态效果（图3-39）。

图 3-39 封闭性道路空间与极具开敞性的观光空间

（资料来源：作者拍摄）

3.2.1.3 与风景旅游建筑相协调的车道做法

机动车道的选线应尽量配合地形，沿着等高线进行规划配置，路线可采取自然曲线形，减少对景观与生态资源的改变或破坏，在接近核心区域的路段，应预留至少30m的缓冲空间，以降低对核心保护资源的干扰。园区内的道路设置应顺应风景旅游建筑的做法与风格并与之协调，同时优先考虑透水性的铺设，在透水性不佳的区域，需要在碎石层下增设滤砂层。若采用不透水的混凝土铺设，则应设置伸缩缝与装饰缝，山区的车道铺设还应采取防冻措施。在铺面材料的选择方面，应尽量运用排水性好、能与周边的广场、建筑环境整体融合的适宜性材料（表3-7）。提倡应用当地生产的材料或惯用材料，以及建设开发中的回收材料。

与风景旅游建筑相协调的车道铺面特性（资料来源：作者整理）　表3-7

	优点	缺点	使用范围	自然度
土质路面	自然度高，与环境融为一体；现地利用，无土方浪费；成本低	边缘容易塌陷，需要借助其他材料进行稳固；坡度大、冲刷严重的地区容易造成局部侵蚀	自然度高的地区；服务性道路；非主要道路	高
砾石路面	表面不积水，渗透性好；高山地区不易结霜；自然度高；成本低	构造松散，需要其他材料作为边缘；清扫较为困难；舒适度较差	自然度高的地区；高山地区；服务性道路；非主要道路	
石材路面	可表现出朴拙的环境特征；经时间积累，可呈现历史感	石块表面粗糙不平，硬底铺设舒适性较差；施工困难，需要较多人力成本；成本高	人文资源较丰富地区；当地居民生活区域	
柏油路面	表面具有弹性，舒适度高；成本低；施工简便快速	与环境结合度较差；需要定期清洗路面	服务性道路；使用率较高的道路	
混凝土路面	耐磨、硬度高；成本低	透水性较差；大面积运用时环境结合度较差	使用率较高的道路；服务性道路	低

3.2.2　与步行流线的衔接

步行、自行车等非机动流线是风景区内重要的交通方式，也是游客亲近大自然、观赏美景以及运动健身的主要形式，同时也具有减少旅游活动中环境冲击的重要意义。风景旅游建筑是重要的交通转换空间以及中途休憩空间，风景旅游建筑与非机动交通流线的相互渗透有利于风景区空间格局的完整性与连续性，也有利于提高游憩活动中的游客满意度。

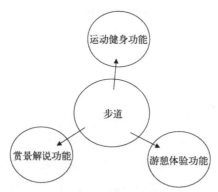

图 3-40　步道的功能构成
（资料来源：作者绘制）

3.2.2.1　风景旅游建筑空间的可穿过性

步行流线是风景区内重要的交通体系组成，具有连接风景区内各景点、引导并规范游客进行游憩活动的重要意义。步道系统的规划设置应避免过于复杂而使游客无所适从，也应避免缺乏分级，从而使得步行流线混乱不堪。在与风景旅游建筑的衔接方面，可通过增加风景旅游建筑的可穿过性，使得步行空间能够渗透建筑空间，减少步行空间与建筑空间的差异性（图 3-41）。

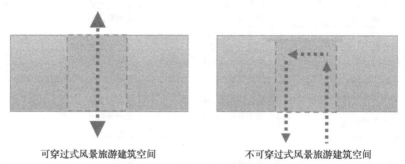

可穿过式风景旅游建筑空间　　　　不可穿过式风景旅游建筑空间

图 3-41　风景旅游建筑空间的两种基本形式
（资料来源：作者绘制）

风景旅游建筑的可穿过性可通过平面模式与剖面模式两种形式来达到，平面模式是在步行流线上增加建筑平面的出入口，形成穿过式空间，而剖面形式是将风景旅游建筑局部架空，形成穿过式架空空间。

图 3-42　风景旅游建筑的可穿过性

（资料来源：作者绘制与拍摄）

3.2.2.2　风景旅游建筑空间的外部延伸性

相比集散广场以及风景区内的其他开敞空间，风景旅游建筑的实体空间形式具有一定的封闭性，更多的是一种对于室内外空间的限定。在这种情况下，为了增加建筑内部空间与室外步行空间的联系与连续性，可通过增加连廊、栈桥等延伸性空间来满足空间系统化、完整性的需求，从而构成风景区内"实—虚—空—无"的空间过渡形式（图 3-43）。

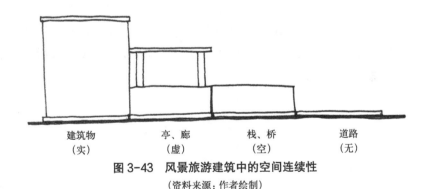

建筑物　　　　　　亭、廊　　　　　栈、桥　　　　　道路
（实）　　　　　　（虚）　　　　　（空）　　　　　（无）

图 3-43　风景旅游建筑中的空间连续性

（资料来源：作者绘制）

在旅游旺季，一些需要排队等候的风景区内，游客通过检票口，大多可以在具有顶面的长廊空间里进行等候，这种内外界限模糊的建筑空间是游客亲近大自然、了解大自然的前奏空间，导游或者管理人员可以对游客进行前期的讲解与引导。在没有顶部的栈道空间，则更多的是与本身较为开敞或形体较为虚化的风景旅游建筑相结合（图 3-44）。

图 3-44　风景旅游建筑中的延伸性空间

(资料来源：作者拍摄)

3.2.2.3　风景旅游建筑空间的流动性

　　台阶是建筑室内外空间竖向衔接的重要方式，但不同于城市建筑，风景区建筑设施应更具有竖向空间的流动性，而减少台阶的出现，从而弱化室内外空间的高差感受。从无障碍设计的角度来说，使用坡道而不使用台阶，也是一种出于对老年人、残障人士以及幼儿等弱势群体的空间关爱。当然，在这一方面，目前我国的风景区内做得还不够，仍处于将城市建筑的一套做法搬进了风景区内，缺少对风景区建筑设施的差别化设计。

　　对于解决风景区建筑设施的室内外空间的竖向流动，主要有三种设计模式，一种是加长台阶踏步的深度以及增加踏步数，第二种是以缓坡坡道代替台阶，最后一种则是完全弱化室内外高差，实行室内外无缝对接，当然，这种做法具有一定的局限性，在雨量较大的地区则容易导致室内进水的后果（图 3-45、图 3-46）。

　　为了解决山地的较大高差以及减少游客的体力消耗，某些地区将城市化的自动扶梯引入了自然风景之中，并进行收费使用，虽然在短期内能够取得经济效益，但施工过程以及使用过程中却对景区造成巨大影响与生态破坏（图 3-47）。

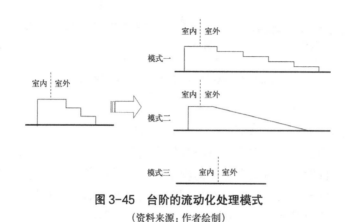

图 3-45　台阶的流动化处理模式

(资料来源：作者绘制)

102

图 3-46　某风景区内台阶过多与无台阶的风景旅游建筑

(资料来源：作者拍摄)

图 3-47　某风景区内的自动扶梯

(资料来源：作者拍摄)

3.2.2.4　与风景旅游建筑相协调的步道构造做法

步道作为风景区内交通设施的重要组成部分，其材料的选用、铺设的做法都应该具有一定的统一性与环境协调性，并且与周边的风景旅游建筑具有整体性。如材料与铺设构造应具有较好的透水性与排水性，同时应采用当地现有的或惯用的材料，或者采用现场开发时的回收碎石、建筑物拆除的回收砖块等。按照不同自然度分区的区域，步道的材料选择也应该与建筑设施一样，有一定的材料准入制度，从而保证不同区域的自然度保持。

与风景旅游建筑相协调的步道材料选择（资料来源：作者绘制）　　表3-8

	原始地区	半原始地区	一般自然区	低密度开发区
步道材料	土质步道 砾石步道	土质步道 砾石步道 石块步道	石块步道 砾石路面 木材路面 石板路面	石板路面 木材路面 步道砖路面 毛石混凝土路面

3.2.3 与自行车道的衔接

在健康旅行的风气带动下，自行车道的设置成为了绿色运输的全球性指标，人们的使用率与认同率逐年上升，自行车道的设置分散了单一的旅行交通媒介，也为风景区提供了多样化的赏景与游憩体验。

作为风景区完整交通体系的一部分，自行车道也应该与周边环境以及其他交通动线、风景旅游进展相衔接、整合，从而为游客提供一个完整的、系统化的观景流线与空间组织。按照

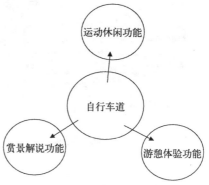

图 3-48　自行车道的功能构成
（资料来源：作者绘制）

地形环境以及使用对象的不同，自行车道可分为一般级别的路线和挑战级别的路线，前者适合大众化观光休闲式的游客，后者适合年轻具有挑战性的游客或专业自行车选手。

自行车道应同时满足运动休闲、赏景解说以及游憩体验的功能（图3-48）。一个完整的自行车流线，应包括入口广场空间、车道空间、休憩停留空间以及自行车的停放空间，同时，入口广场应具有与大众运输工具的转换站点、休憩建筑设施，以及相应的应急与服务设施（图3-49）。

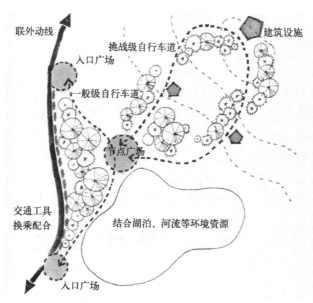

图 3-49　风景旅游建筑与自行车道的衔接关系
（资料来源：作者绘制）

3.2.4 与广场空间的衔接

在大多数情况下，风景旅游建筑都与一定的广场空间同时出现，风景旅游建筑被广场与其他开敞空间所围合。风景旅游建筑与广场的衔接关系通常也会影响到游客的游憩体验以及风景区内服务设施系统的整体性、连续性。协调的材料自然度、接近的建造自然度等都是需要考虑与探讨的话题。

图 3-50　与广场空间的融合
(资料来源：作者拍摄)

在空间组合方面，广场空间除了包含风景旅游建筑以外，还可以以不同的形式渗透进入风景旅游建筑之中，以流动性的空间形式来串联建筑空间与室外空间。如建筑内部形成中庭空间，与外部广场进行空间上的对话，或者风景旅游建筑的平面局部内凹形成与广场咬合的小型庭院，或者类似于骑楼空间的局部架空，或者建筑屋顶与墙体一体化后直接接地，让广场空间直接延展至建筑墙体与屋顶之上（图 3-51、图 3-52）。

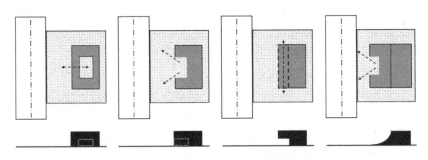

A. 中庭型　　　　B. 内凹型　　　　C. 骑楼型　　　　D. 接地型

图 3-51　风景旅游建筑与广场空间的衔接形式
(资料来源：作者绘制)

图 3-52　风景旅游建筑与广场空间的不同衔接
(资料来源：作者拍摄)

3.2.5 外部空间的景观利用

自古以来,"山水"一词就成为我国风景、景观的代名词,而孔夫子的"仁者乐山,智者乐水"也表明,作为人类审美对象的自然山水已经与人类的情感融为一体[1]。山水空间,作为风景名胜区内的重要空间组成与审美客体,如何合理地将其运用到风景与建筑的规划设计之中,将其作为风景旅游建筑的重要景观利用对象,具有重要的视觉生态意义,对于游客的游憩满意度提升也有较大的影响。

3.2.5.1 "倚山为幕"的背景空间

山体景观作为风景区内最常见的景观空间类型,具有环境原生性、视觉独特性、生态脆弱性以及情感认同性。其中的视觉独特性则主要来自于地形高低的起伏变化,以及植被机理的错综复杂[2]。正因为地形的起伏,才使得人们获得了更为广阔的视野与更为多变的视角,处于山体空间之中的风景旅游建筑具有自身服务功能以外的观景功能,同时其自身也是以山体作为背景的一道人工景观。

(1) 风景旅游建筑与山体的图底关系

在山地环境中,我们可以把风景旅游建筑与自然山体形态看作是具有"图—底"关系的形式,它们的叠合构成了视觉界面的整体形状。对待风景旅游建筑与自然山体环境,我们应该注意保持其视觉关系的均衡与稳定,同时要处理好风景旅游建筑与山体轮廓线的形态协调[3]。

一般来说,当山体的尺度压倒建筑,作为"图"的建筑面积小于作为"底"的山体面积时,其"图—底"关系较为容易取得协调,而当两者面积接近时,其视觉景观则较难处理(图 3-53)。在风景旅游建筑协调山体轮廓线方面,人们多以山体的自然趋势作为建筑轮廓的出发点,使风景旅游建筑与其相似,让风景旅游建筑与山体相互呼应,浑然一体。

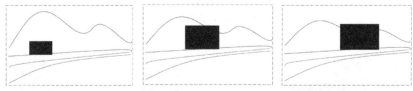

图 3-53 风景旅游建筑与山体空间的"图底"关系

(资料来源:作者改绘)

1 卢济威,王海松.山地建筑设计 [M].北京:中国建筑工业出版社,2001:136.

2 卢济威,王海松.山地建筑设计 [M].北京:中国建筑工业出版社,2001:143.

3 卢济威,王海松.山地建筑设计 [M].北京:中国建筑工业出版社,2001:150.

（2）风景旅游建筑中的山体"借景"

计成在《园冶》中立专篇论述"借景"并认定"夫借景，林园之最要者也"，借景是我国古典园林中最为常用的风景营造手法，而"借景"指"借"并非简单地由园林内借园林外的"景"，而是凭借什么造景才是"借景"的本意[1]。在风景名胜区内，风景旅游建筑所需要凭借的造景对象中，山体便是其一，对于山体空间的造景手段则主要有通过开敞性的空间设计来开辟赏景（山体）的透视线以及提供丰富多变的观景视角。在风景旅游建筑中设置不同的开敞空间能够形成有效的观景功能，让山地、瀑布等自然景观进入风景旅游建筑之中，从而提高游客的游憩满意度，让建筑真正形成"借景"的作用（图 3-54）。

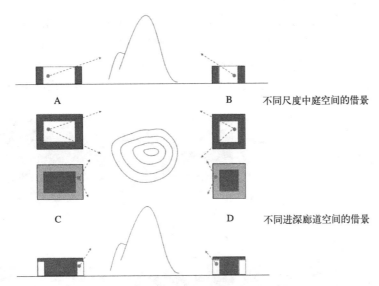

图 3-54　风景旅游建筑空间的山体景观视线分析

（资料来源：作者绘制）

在风景旅游建筑中营造开敞式空间则是通过设置中庭、回廊等虚空建筑空间来达到，中庭空间的大小以及与山体空间的相对位置都将影响到山体景观的视觉取景效果，大而矮的中庭空间则更能够使人具有较大的视野，而小而高的中庭空间则只能取得较小的仰视区域。回廊空间的视域范围则取决于回廊的高度以及回廊的出挑深度，深度过大的回廊空间则限制了人眼的视线高度，高度过低的回廊也同样有如此影响（图 3-55）。

1　孟兆祯.借景浅论[J].中国园林，2012（12）：19.

图 3-55　风景旅游建筑的模拟视野分析（资料来源：作者绘制）

3.2.5.2 "临水为台"的灵动空间

水是生命之源，人类亲近水体、嬉戏于水体空间是天性使然，对于水体的崇拜与喜爱自古有之。不同于山体的雄伟、挺拔的仰视景观，水体给予人们的是一种灵动的感受与平视甚至俯视的低调视角。我国古代的"曲水流觞"则是古人引用水景结合人文活动造就的独特活动与文化遗产，而中国古典园林之中也无不将水体作为造园营景的重要元素（图 3-56）。

图 3-56　"曲水流觞"中的水体景观

（资料来源：整理自互联网）

（1）以自然水体为景

自然的水体景观主要分为线型水体、面型水体以及空间水体三大类型的形态，其中的线型水体是以河流、溪流为代表长向尺度远大于宽，且形状多变的形式而富有流动性，面型水体以湖泊、池塘、沼泽、海洋等呈多向延展性的水体空间，空间水体则以强劲动感的瀑布、跌水为代表[1]。在风景旅游建筑的设计中，为了取得较好的水体观景效果，则需要

1　郑炘，华晓宁. 山水风景与建筑 [M]. 南京：东南大学出版社，2007: 25.

根据不同的水体特征，以不同的设计手法，让自然水体为游憩观赏所用（图 3-57）。

图 3-57　不同形式的水景利用

（资料来源：作者拍摄）

以瀑布、跌水为代表的竖直型水体景观的观景空间营造则类似于山体的景观利用，主要是以灰空间的营造以及中庭空间的建立来达到，而以河流、湖泊为代表的静态水体景观运用，则更多的应用界面材料与不同的"建筑—水体"相对关系而取得不同的视觉效果。其中玻璃材质是一种能够保持水体灵动性、透明性的界面，大面积玻璃窗以及玻璃墙体的应用，是能够体现水体景观的手法之一，例如在海底应用高度抗压的类玻璃材质则可以为人们提供近距离感受海洋世界的水下带型空间。临水亲水的风景旅游建筑，在设计的时候可以运用不同的建筑手法形成与水体不同的空间关系、观景效果以及视域组成（图 3-58）。

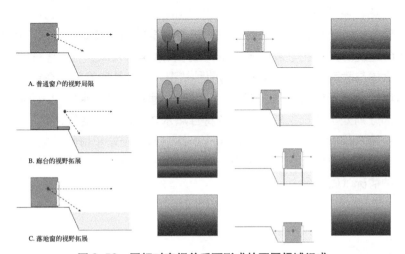

图 3-58　因相对空间关系而形成的不同视域组成

（资料来源：作者绘制）

109

（2）将水体引入建筑

类似于风景旅游建筑与山体的"图—底"关系，风景旅游建筑与水体的关系也可以用"图—底"关系来表述。不同的是，当水体面积够小时，风景旅游建筑与水体的"图—底"关系将发生逆转，而形成水为"图"，建筑为"底"的局面。对于小型水体景观的运用，除了中国古典园林以外，徽州古村落中的理水、天井院落空间的引水体系，将水体与建筑的"图—底"关系发挥到极致。宏村以"月沼"为整个村落的核心水体，将散布于各个民居之间的水系脉络汇集于此，同时，民居内的天井空间收集散落的雨水，形成微观的水景空间，水与建筑的"图—底"关系多变而灵活，天井空间的作用不可忽视（图3-59）。

图3-59　宏村中的"月沼"与天井空间
（资料来源：作者拍摄）

当然，在风景区内的小型水体的利用时，多数为人造的水景，将雨水进行收集或者使用市政用水打造风景旅游建筑的微环境景观，从而增加风景旅游建筑的灵动性与亲切感。对于这种将水体引入风景旅游建筑的情况，按照水体与建筑的空间关系可分为两种情况，一种是建筑物完全包围水体，或水体完全处于建筑物的内部，另一种则是建筑物包含水体的一部分，而另一部分则处于建筑之外，或者是将自然水体局部引入建筑内部。苏州博物馆中的水景形式则属于前者，人造水体空间完全处于博物馆之中，而天柱山炼丹湖宾馆中将炼丹湖水引入室内，形成室内小型水体景观，则属于后一种情况（图3-60）。

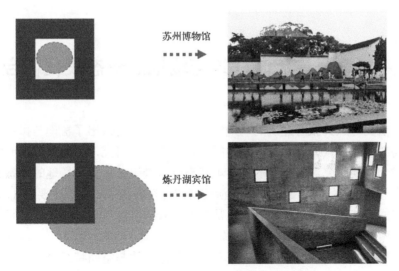

图 3-60　两种不同的"建筑—水体"空间关系

(资料来源：作者绘制)

第 4 章　风景旅游建筑与场地的形态表征耦合

　　前文对风景旅游建筑的场地空间环境耦合应对做出了梳理与探讨，本章将继续对风景旅游建筑与场地的耦合关系进行研究，与前文以场地空间环境为主要研究对象不同的是，本章将以风景旅游建筑与场地的形态表征耦合作为主要研究对象。风景旅游建筑的外在表征主要由视觉要素（形态）与空间感知两大部分构成，这也是影响风景旅游建筑与场地耦合关系的重要因素，其中的视觉要素可以抽象分解为"形体、色彩、肌理"[1]。内部空间作为风景旅游建筑的重要组成部分，其营造手法与空间特征也直接影响到游客的游憩感受与满意程度。

4.1　风景旅游建筑的形态表征

　　形态，顾名思义，物体的形式与状态。形态体系可分为两类，一类为可以直接感知的"现实形态"，另一类为不能直接感知的"观念形态"，"现实形态"有"自然形态"和"人为形态"之分，"自然形态"有"有机体形态"和"无机体形态"两种（如图 4-1 所示）。风景区的环境属于现实形态，除了人造的建筑与其他设施以外，绝大部分都属于自然形态。为了减小风景旅游建筑"人为形态"对自然环境的冲击与影响，风景旅游建筑的形态必须有意识地向"自然形态"看齐，或者以"藏匿"于其中的方式来达到与风景区自然环境的形态集成。

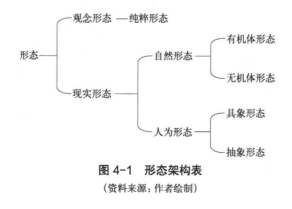

图 4-1　形态架构表

（资料来源：作者绘制）

1　陈宇.城市景观的视觉评价 [M].南京：东南大学出版社，2006: 27.

形态是建筑设计完成后以视觉形式传达给使用者或者观看者作为参考的对象，也是建筑设计过程中不断推敲与完善的对象。风景旅游建筑的形态与周边环境景观形态的融合，以及风景旅游建筑的色彩、体量等都是风景旅游建筑设计与城市建筑设计中考虑有所不同的状况。为了方便起见，我们将风景旅游建筑的形态分为体量、造型、色彩、材质四个分要素进行研究。

4.1.1　体量与造型

在风景区内，风景旅游建筑体量的大小是极为敏感的课题，建筑的分散与聚合都是关乎风景旅游建筑对于环境与视觉冲击的关键因素。在风景旅游建筑建设之前，必须审慎地衡量集中或分散的优缺点，如果设施是分散的话，自然景观的价值可能较容易维持，以较小的建筑分散的设计能够提供更加丰富的景观体验，所以，为了让风景旅游建筑与环境能够以较佳的方式结合，建议采用小型建筑来代替大型建设。相反，如果风景旅游建筑功能简单，则宜与周边功能不为冲突的小型设施合体，从而减小单独的结构物，减少设施设置的足迹。总之，主要的基本原则为：体量大宜分散，体量小宜共构（图4-2）。

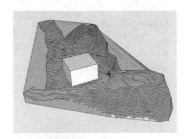
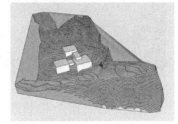
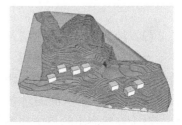

图 4-2　风景旅游建筑的分布形式
（资料来源：作者绘制）

在造型方面，风景旅游建筑设施的设计不同于城市建筑，其周边的环境以未被人类大规模改造过的自然环境为主，所以在造型为主体的形态选择方面应该慎之又慎。

（1）宛如天成——模仿自然形态

自然的形态均与生长和生命有关，我们观察自然界的事物，不仅要利用肉眼，更要透过内心去洞察结构与力量，在仿生建筑设计时，要传达内在结构所显现出来的生命力量，透过生命力的表现，去发现一个自然物和基本形态，表达自然物的精华与本质[1]。

在风景旅游建筑的形态生成方面，从大自然中寻找灵感，模仿自然形

1　黄证崑. 现代建筑设计与环境对应关系之研究 [D]. 台北：台北科技大学，2012: 103.

态也是一种"道法自然"的手法。体现了建筑师尊重自然、师法自然的建筑观，但这种模仿大自然的做法一般比较适合规模不大、体量适中的风景旅游建筑，尤其是具有点景效果的景观性建筑（图4-3）。

图 4-3　模仿海螺造型的小屋与海滨鱼形小站
（资料来源：作者拍摄、整理）

（2）抽象易读——强调人工形态

无论是对于设计者来说，还是对于使用者、观赏者来说，都应以简单易懂为佳，互相不了解的东西，不可能产生美的想象力的活动，为达到形状间互相协调，形状间的对立要素要尽量减小[1]。

对于自然形态的模仿并不是风景旅游建筑设计的唯一选择，如果当风景旅游建筑受到自身的功能束缚，而选择完全人工化形态也是无可厚非的。这时，风景旅游建筑的设计应尽可能选择简单至极的形体关系，并且强调人工的痕迹，让观赏者能够一目了然。处于山东沿海的城市威海的山顶观景台，由新锐建筑师华黎设计，观景台采用最为简明的互为交叉的长方体组成，用最简单的形体强调了自身的个性与风格，同时也为游客提供了最佳的观景视角，用冷峻的塑性和柔和的自然环境作为冲突对比，互动共融，也是绝技。（图4-4）。

1　卓子瑾. 国家公园设施与景观相融合之研究 [D]. 台北：台北科技大学，2011: 65.

图 4-4　威海山顶观景台

（资料来源：互联网）

（3）场地与建筑的韵律

建筑物外观上的支配性线条如同建筑物的虚实关系一样，通常会传达出一种韵律的特质[1]。就如同我们在建筑物的标准形式中所谈论到的，这种韵律通常与建筑结构中的自然重复性、建筑物的内部使用、建筑物的循环系统、材料及其结合处的特性有关。当然，场地要素也可能是具有重复性与韵律的，场地的韵律可能是规则的，传达出一种建筑的特质。相反，场地也可以是不规则的，传达出一种自然的感觉。当场地韵律是规则的，建筑物会延伸其影响力到场地之上，不规则的场地韵律，一般而言则显示出建筑物和基地之间的对位关系。

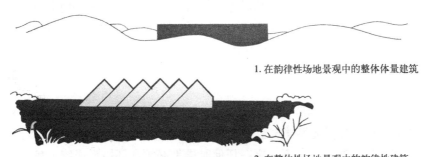

1. 在韵律性场地景观中的整体体量建筑

2. 在整体性场地景观中的韵律性建筑

图 4-5　风景旅游建筑与场地景观的韵律

（资料来源：作者绘制）

风景旅游建筑可以用一种整体的体量形式出现在韵律性的场地景观当中，相反，风景旅游建筑也可以在整体空间中呈现出如同旋律一般的雕刻效果（图 4-5）。乐山市金海棠酒店的会议中心位于乐山市的一个自然环境优美的山地景区之中，在该建筑设计中，由于其会议室的功能局限，其建筑空间的选择受到很大限制，而很难与自然环境中的形体发生联系，于是

1　John L. Motloch. 景观设计概论 [M]. 吕以宁译 . 台北：六合出版社，1999: 250.

在设计中选择简单的矩形平面与长方体的整体性体块，从而实现体形的极简化，此外，通过周边环境的整合营造，达到建筑与场地景观的和谐相融（图4-6）。

图4-6　乐山金海棠会议中心
（资料来源：作者拍摄）

在对场地进行平整的过程中，除了考虑避免场地受到侵蚀和雨水破坏等生态环境变化以外，另一个需要考虑的重要方面是平整后的外形。通常情况下，设计场地平整方案的时候并不考虑场地的新外观带给人们的长期视觉影响，往往进行场地平整并决定场地外观的并不是建筑师，而是施工机械师。所以，在进行风景旅游建筑设计的过程中，对于场地形态的考虑与对于风景旅游建筑形态的考虑一样重要，都需要建筑师进行整体性考量，从而达到风景环境与风景旅游建筑"形态的耦合"。

4.1.2　色彩

色彩是任何物体最先也是最容易被人眼所感知的形态要素，而主导色或支配色则是风景旅游建筑留给人们最具决定性的视觉要素。在风景区内，风景旅游建筑的主导色不一定在任何时候都必须和环境形成统一色调或相似色调。有关风景旅游建筑的色彩计划应考虑环境调和的原则，并以屋顶、墙面为主导色进行考虑，其他部位的辅助色、点缀色与主导色一起构成风景旅游建筑完整的色彩体系（表4-1）。

<table>
<tr><td colspan="5">风景旅游建筑色彩配置分析（资料来源：作者整理）　　表4-1</td></tr>
<tr><td>色彩类型</td><td>面积比例</td><td>意义</td><td>定位</td><td>使用部位</td></tr>
<tr><td>主导色</td><td>≥60%</td><td>反映风景旅游建筑的基本形态特征</td><td>决定性</td><td>墙面、屋顶</td></tr>
<tr><td>辅助色</td><td>30%～35%</td><td>协调风景旅游建筑的基本色彩秩序</td><td>配合、辅助</td><td>墙面、屋顶、配套</td></tr>
<tr><td>点缀色</td><td>≤10%</td><td>暗示与隐喻的装饰性</td><td>点缀、提示</td><td>门窗、屋檐、构件</td></tr>
</table>

色彩对于热量的吸收能力以及对光线的反射能力同样影响着风景旅游建筑的微气候舒适度以及使用者、观赏者的视觉感受。在寒冷的地区，风景旅游建筑的色彩可能更应该选择吸热系数较大的深色系或暖色系以吸收太阳光的热量，而在炎热地区的景区里则更应该选择较为浅淡一点的色彩来反射一些阳光而降低对于热量的吸收，有效降低室内温度，提高舒适度（表4-2）。

色彩的热吸收系数与反射率分析表（资料来源：作者整理）　　　表4-2

色彩的热吸收系数			色彩的反射效果		
色彩	热吸收系数	吸热情况	色彩	反射率	反射效果
白、淡黄、浅绿、粉红	0.2~0.4	最不吸热	白、乳白色	84.0%~70.4%	最好
灰色—深灰	0.4~0.5	少量吸热	浅红、米黄、浅绿	69.4%~54.1%	较好
浅褐、黄、浅蓝、玫瑰红	0.5~0.7	中等吸热	浅蓝	45.5%	中等
深褐色	0.7~0.8	吸热较强	棕色	23.6%	较差
深蓝—黑色	0.8~0.9	最吸热	黑色	2.9%	最差

风景旅游建筑的色彩设计除了应该遵循以上所述的色彩基本规律和特征之外，其色彩的选用应该考虑所处环境的自然与人文特征，从其中的环境色彩中提取合适的原型，同时应该弱化人工化的非自然色彩。

（1）从自然与人文环境中提取色彩

人类的任何创造和创作都离不开现实世界，大自然是艺术创作最大的源泉。美国顶级织品设计师 Jack Larson 从红枫叶掉落的叶子中看到不同红色、绿色混杂在叶片中而得到创作灵感，设计出了许多极为成功的地毯，甚至那些颜色深浅不一的树皮也能启发色彩的灵感[1]。在风景区内，我们可以发现许多自然生成的色彩，这也是风景旅游建筑色彩创作的重要来源，如岩石、土壤、植被等都是风景区内自然色彩的重要组成要素。

此外，对于当地的人文环境来说，当地居民的传统色彩、习惯用色都可以成为风景旅游建筑创作的另一个途径。风景旅游建筑的色彩应与地区发生自然或人文关联，设计理念只有来自于基地本身，设计出来的元素才能成为环境的一部分，背景环境的色彩体系是基本的景观元素，

1　卓子瑾. 国家公园设施与景观相融合之研究 [D]. 台北：台北科技大学，2011: 71.

从环境色彩体系（植物、岩石、土壤等），可以调制出与环境调和的风景旅游建筑色彩。

拉萨火车站的建筑设计中，功能布局、立面设计与传统的西藏建筑是不一样的，但是在色彩的选择上，运用了与布达拉宫相类似的红白搭配，形成了与人文环境所协调统一的色彩体系与视觉感受（图4-7）。

图4-7　拉萨火车站对于西藏传统建筑色彩的汲取

（资料来源：互联网）

（2）弱化非自然材料的色彩

不恰当的人为色彩会造成自然景观中很大的干扰和破坏，在使用非自然材料的时候，应该选用在环境中低调不明显的色彩。有关低调不明显的色彩，在色彩学上常提起暖色是前进色，冷色是后退色，而明度的变化，以高明度有前进、膨胀感，明度低而暗的色彩，感觉上比较有后退、收缩感。彩度感觉上，高彩度具有前进与膨胀特性，暖色系尤为明显，彩度低而浊的，普遍有后退或收缩的感觉。

风景旅游建筑应运用较深沉的颜色才更能够与自然环境相调和，除非这种做法会与其他的环境因素（日光反射／吸收）或文化价值观念（传统／禁忌）产生冲突[1]。在中国的古典园林建筑当中，墙壁也多采用低调而不明显的色彩，熟悉中国古典园林的英国人瑟维克发现苏州不少园林喜欢用灰色作为墙壁的主色调，柔和而幽静，茫茫中好像没有墙壁一样，从而扩大了空间感，同时又衬托院落中的山石花木给人以协调的美感（图4-8）。

当风景旅游建筑在风景区内显得突兀时，以造型、色彩、质感三元素而言，应用色彩来改善既有建筑更容易实施，效果也最为明显。将不同色彩密集并列在一起的时候，当远观时这些色彩会在视网膜里混合为一，从而形成"并置混合"的另一种色彩。如果风景旅游建筑中两种颜色的组合得不到很好的调和时，则可以在其中加入些黑色或灰色，能较好的起到配

1　台湾内政部营建署译．美国国家公园永续发展设计指导原则[M]．台北：台湾"内政部"营建署，2003：62.

色效果。色调单调或对比过强时，应在这些颜色间加入其他颜色使其缓和，而风景区内的加以树群的色彩缓和，则能起到串联风景旅游建筑与环境景观的作用。

图4-8　苏州园林与苏州博物馆中的白色运用

（资料来源：作者拍摄）

4.1.3　材质与肌理

材质一般是指物体的机理与特性，而造型艺术的媒介，是靠材质的客观存在与其组合的条件来表现的结果，所谓的材质感，通常是指物体表面的感觉，属于视觉与触觉的范畴。材质一般可分为自然的材质（如木材、竹材、岩石等）与人工的材质（如塑料、玻璃、水泥、金属等）两大类。而质感则是材料通过本身的结构特性或加工方式，透过触觉和视觉给人对材质的外在感知（图4-9）。如何在自然的环境中运用自然和人工的材质，通过风景旅游建筑的设计，传达出合适的外在质感是值得思考的问题。

4.1.3.1　材料的质感与特性

不同的材料给人们的感受是不一样的，在自然材料方面，如木材的温润、竹材的柔细、石材的粗犷等材质之美，是其他材料无可取代的；人工材料方面，其质感取决于人为加工的方式，使用不同的工具与技巧所呈现的韵味不同，如丝绸的柔细、玻璃的剔透、

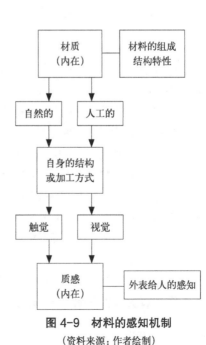

图4-9　材料的感知机制

（资料来源：作者绘制）

金属的硬朗等材质之趣，各有特点[1]。但是在风景旅游建筑设计中，更多的情况是对自然材料的人工化改造处理而成，如木材、石材等材料经切割、打磨等技法处理，掌握材质的表现，是创造设计美感的有效途径，丹麦设计师曾经说过，选择正确的材料，采用正确的方式处理材质，才能塑造率真的美，而选择材料之前，必须熟悉了解其质感与特性（表4-3）。

建筑材料的质感与特性（资料来源：作者改绘）　　　　表4-3

建筑材料	材质特点		传达的讯息
混凝土	粗糙的	厚重、敦实、可塑性	含蓄、朴拙、大气、自然
	光滑的	细腻、结实、可塑性	明快、现代、大气、含蓄
石材	粗糙的	厚重、坚硬、结实	厚重、自然、朴拙、地域
	光滑的	光洁、坚硬、装饰性	古典、厚重、华丽、宏伟
木材	松软、灵活多变、造型丰富		温暖、古朴、含蓄、返璞归真
砖块	沉重、粗糙、厚实		传统、怀旧、含蓄、古色古香
钢材	轻巧、坚韧、挺拔、结实、灵活		力量、先进、高科技、未来
玻璃	光滑、光泽、透明、冷硬		通透、现代、科技、先进

4.1.3.2　材料的含能与自然度

在对材料的选择方面，首先需要考虑的是材料的耐久性，因为材料的制造过程是能量密集和材料密集的，耐久性较好的材料通常在整个服务周期内需要的维护也较少。其次，应首选只需少量维护或维护中对环境影响最小的材料，生产过程复杂的材料一般具有较高的"物化能量"（为制造材料而输入的能量）（图 4-10）；再次，首选当地生产的材料，因为其在运输和施工过程中所产生的污染最少。

在对建筑材料使用之前，要对材料生命周期消耗的能量进行评估，总体原则是选取含能较低的材料而拒绝含能高的。从最初的原料开发，到修饰、制造、处理、加入添加剂、运输、使用，一直到被重复利用或丢弃，对在整个过程中消耗的能源情况进行表格化分析与优化选择。如利用传统建筑的施工工艺——垒、砌、捆、扎等，除了劳动力，则基本上不产生能源的消耗与环境的污染问题。

除了有关能源消耗与环境污染的考虑之外，风景旅游建筑的材料选择

1　卓子瑾 . 国家公园设施与景观相融合之研究 [D]. 台北：台北科技大学，2011: 71.

应尽量避免精细化加工和城市化材料的出现。精细化的材料在维护管理与施工过程中都与周边的环境格格不入，也大大降低了风景旅游建筑的自然度，如不锈钢扶手、栏杆等城市化意向与自然环境较难相容，在不得不使用时，应考虑用油漆、烤漆等手段清除其金属光泽（图4-10）。

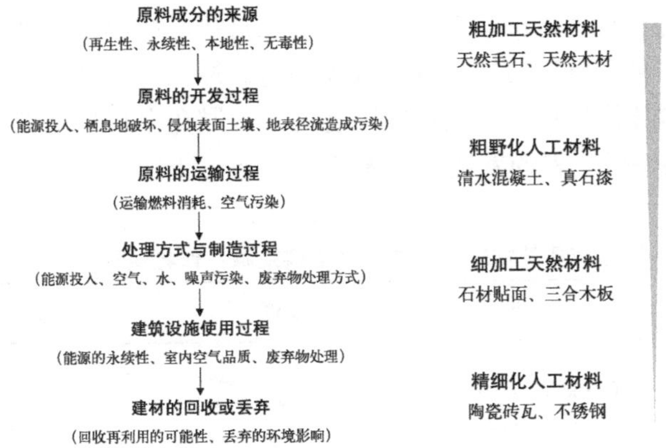

原料成分的来源
（再生性、永续性、本地性、无毒性）

原料的开发过程
（能源投入、栖息地破坏、侵蚀表面土壤、地表径流造成污染）

原料的运输过程
（运输燃料消耗、空气污染）

处理方式与制造过程
（能源投入、空气、水、噪声污染、废弃物处理方式）

建筑设施使用过程
（能源的永续性、室内空气品质、废弃物处理）

建材的回收或丢弃
（回收再利用的可能性、丢弃的环境影响）

粗加工天然材料
天然毛石、天然木材

粗野化人工材料
清水混凝土、真石漆

细加工天然材料
石材贴面、三合木板

精细化人工材料
陶瓷砖瓦、不锈钢

自然度依次降低

图 4-10　建材生命周期的"含能"分析与自然度分级

（资料来源：作者绘制）

图 4-11　身披茅草的 Takern 游客中心

（资料来源：互联网）

图 4-12　运用传统材料的某景区茶室设计

（资料来源：互联网）

综上所述，我们得到以下材料选用原则。针对风景区内自然度高的区域，风景旅游建筑的建筑材料应尽量使用自然材料，并尽可能选用当地盛产的建材。为减少搬运过程中的能源消耗，自然度高的区域应配合质感，就地取材，并对材料的加工过程进行控制，降低材料的含能度。而在人文特色比较显著的区域里，常可发现一些当地现有或惯用的材料，这些惯用材料应成为风景旅游建筑的重要选择，若该材料已经禁采，则选择邻近地区相同质感或接近质感的材料取代（表4-4）。最后，在使用材料时，应尽量体现材质本身的特性，体现材料固有的美，避免以后期处理的方式以一种材料冒充另一种材料的发生（图4-13）。

风景旅游建筑材料选择次序（资料来源：作者整理）　　　　表4-4

选择次序	特点	实例	注意事项
首选 自然界的材料	节省能源，制造过程不会造成污染	石头、泥土、植物（麻、茅草、棉花）、羊毛、木材等	木材来自合法管辖的森林或自然倒下的树木，不宜使用有毒、易挥发的粘合剂
次选 资源回收的材料	来自于建筑物回收材料，不会消耗大量能源、造成大量污染	木、铝、纤维质、塑料等回收利用材料	需仔细检查回收材料的成分，提倡使用回收的铝材，留意新型再生材料
末选 人造的材料	制造与施工过程中，对环境造成不同程度的影响	三合板、塑料、铝等非再生材料	避免使用含氟产品，以及会散发挥发性有机合成物的产品，减少使用新制铝材

图4-13　以人工材料冒充自然材质的建筑与设施
（资料来源：作者拍摄）

风景旅游建筑通常由多种要素构成，其材料和形态也相当多样，在设计时，必须在这些多样的构成要素中选择最适合设计目的者。现代建筑大师密斯曾经说过"所有的材料，不管是人工的还是自然的，都有其本身的特性，在处理这些材料之前，必须知道其特性"。所以，依据环境的属性，选择合适的材料与质感对于风景旅游建筑设计来说是非常重要的。

4.2 风景旅游建筑内部空间的野性回归

室内空间应该是户外空间的延伸，无论是室内设计还是外部空间设计，都应该遵循弱化空间差别，整合空间系统、软化界面空间的原则，从而满足游客对于自然环境的追求。同时，在特殊的自然与文化环境前应设置过渡性空间，进入前必须把车子和消耗性的价值观抛开，就像进入日本人的家中在玄关要先脱去鞋子一样。

在目前国内的建筑设计行业中，建筑设计与室内设计是完全分开的，这种工作模式违背了空间的连续完整原则以及中国传统的风水学原理，不利于建筑师对于内部空间的把控。而在风景旅游建筑的设计过程中，除了对于外部空间的景观主动利用以外，还应该在内部空间的营造方面朝着自然化、生态化甚至粗野化的方向进行打造，从而使得风景旅游建筑的内部空间有别于一般的城市建筑室内空间的规则、精细化风格，使得游客的空间体验更加偏向于具有一定的特殊性与体验性。

图 4-14 给人不同感受的游客中心
(资料来源：整理自互联网)

4.2.1 天然植物的应用

随着人们对于室内环境需求的不断提高，公共建筑中室内植物景观的加入有着不可替代的作用，不同尺度的空间大小、空间类型和不同物种的植物相结合，将有效提高室内视觉环境以及空气净化功能。在风景旅游建筑中加入自然植物景观，其功能主要体现在以下几个方面。

（1）净化室内空气，调节室内微气候

吸收 CO_2 释放 O_2 是植物景观对于室内环境调节的最基本形式，尤其是在人流量较大的建筑设施内部，可以缓解室内空气污浊的状况。在夏季，室内的植物景观可以通过蒸腾效应使室内气温低于一般的建筑室内温度；在干燥的季节或地区，绿色植物的增湿效应可以有效提高室内湿度20%；

此外，植物还能有效地吸附热辐射，遮挡直射阳光，它可以通过叶片的吸收和反射作用降低燥热。

在人流过大的情况下，风景旅游建筑室内的植物景观还可以起到吸收噪声的效果，为游客提供更为清净的空间感受。如果是刚刚装修完工的风景旅游建筑，室内的植物则可以起到吸收有害气体的作用。

（2）提供空间尺度参考，增加亲切感

一般情况下，风景旅游建筑的空间以小居多，但随着旅游活动的多样化，尤其是在旅游综合体类大型风景旅游建筑的建设中，空间的庞大使得游客的体验变得更加城市化，甚至失去了尺度感，这时，室内植物的加入可以为游客提供相应的空间尺度参考，增加空间的亲切感。

图 4-15　植物为空间提供尺度参考
（资料来源：作者拍摄）

（3）丰富空间层次，柔化空间分隔

在空间较大的风景旅游建筑设施中，单靠建筑元素可以形成的空间层次是有限而且较为单调的，加入一些植物景观元素，则能够使空间的层次感增强。同时，天然的植物可以作为分隔、限定空间的元素来代替实体的建筑构件。通过自然植物景观限定、划分的空间，比用实体的建筑构件来划分的空间具有更强的亲和性和柔软性（图 4-16）。

高大的伞形乔木能在树冠之下形成一个灰空间，并使地面与天花之间多了一个空间层次；花坛和灌丛，以及列植的植物能起到限定空间区域的作用；人们可以通过植物稀疏的枝叶看到其他空间，而这个空间又并不是被限定死的，而是连通渗透的[1]。

在进行关于植物景观空间与风景旅游建筑的外部空间关系研究时，我们可以将其分成三种不同的情况加以分析，第一种则是植物与外部空间不产生直接联系，其依靠人工照明以及人工浇水以维持生机，适合喜阴类植

1　王黎. 现代公共建筑室内自然景观设计 [D]. 南京：南京林业大学，2003: 25.

物或对环境要求不高的植物，如竹类或者季节性比较强的盆栽式小型植物；第二种情况则是植物依靠自然采光，与外部空间有光线上的联系，但水分仍然以人工补给为主，这种类型的空间关系适合体形中等的植物；第三种情况则是植物完全从外部汲取阳光、雨水和空气，与外部空间有直接的联系，这种空间关系适合较大体形并具有良好生长能力的大型植物，而也是这种

图 4-16　室内的竹元素
（资料来源：作者拍摄）

空间关系最能够丰富室内空间，给游客带来最良好空间感受（图 4-17）。

A. 与外部空间无对话　　　　B. 汲取外部空间的阳光　　　　C. 汲取阳光、雨水与空气

　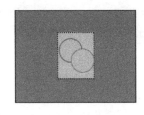　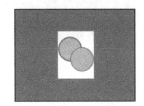

图 4-17　植物与外部空间的三种关系
（资料来源：作者绘制）

4.2.2　模仿大自然

　　风景旅游建筑多处于自然环境之中，在其室内设计中融入自然元素，模仿大自然的空间，其设计理念也充分体现了中国传统文化的精髓，不仅可以缓解在室内空间里，使用者与自然的疏离感，同时也能满足人们返璞归真、回归自然的物理需求和精神需求。

　　在很多风景区的自然类、地质类博物馆建筑的室内设计中，设计师们习惯于将森林、溶洞等自然空间移植到风景旅游建筑的内部，从而形成建筑空间的自然性补偿（图 4-18）。

图 4-18　卧龙地震博物馆的室内自然营造

(资料来源：作者拍摄)

在目前国内的设计行业来看，风景旅游建筑的室内设计工作还主要由室内设计师以及雕塑设计师等非建筑师类设计人员进行设计与施工，所以，大多数情况下的这类模仿大自然式的空间设计都是将就着现有的建筑室内空间而设计建造，缺少对原有建筑空间的解读与连续性创作。在未来学科专业整合的大背景下，由建筑设计师主导，各类设计师集体参与的设计共同体模式应该能够成为风景旅游建筑室内空间设计的主流模式。

图 4-19　森林、海洋、极地景观的空间模仿

(资料来源：作者拍摄)

4.2.3　粗野主义表达

"粗野主义"作为现代建筑运动后期的一种设计倾向，强调建筑设计中的粗犷、狂野的风格，现代主义建筑大师勒·柯布西耶是其中的代表人物之一。粗野主义强调把表现与建筑材料混凝土的性能及质感有关的沉重、毛糙、粗鲁作为建筑美的标准，保持建筑材料上的自然本色，并且以大刀阔斧的手法造成建筑外形粗野的面貌。

而在风景旅游建筑内部空间的营造方法方面，我们可以将粗野主义理解为一种装修风格，一种试图用建筑材料来表达建筑设施内部的乡土气息，倡导向农耕时代学习的田园风格。例如，以毛糙的混凝土形式取代精细化的施工工艺，以毛石垒块代替水泥砂浆的饰面，以粗糙的泥土、原木等材料的装饰性提高空间的自然性。

以粗糙、田野的形式来表达内部空间氛围是粗野主义风格的最终目的，这种风格有利于游客对于风景区当地的自然资源以及人文环境的了解，也有利于加强游客的游憩体验性。

4.3 基于层次分析法的风景旅游建筑与场地的耦合度评价

"耦合"原本作为物理学概念，是指两个（或两个以上）系统或运动形式通过各种相互作用而彼此影响的现象，是在各子系统间的良性互动下，相互依赖、相互协调、相互促进的动态关联关系[1]。风景旅游建筑作为一个系统与其所处的自然风景环境系统之间存在着耦合关系，即风景旅游建筑的设计必须从所处的场地出发，与场地中的气候条件、地形地貌、植被条件以及文化特征相适应，反过来，建成后的风景旅游建筑将对场地的微气候、人文景观等产生重要影响，并成为场地中文化特征的重要组成部分（图4-20）。

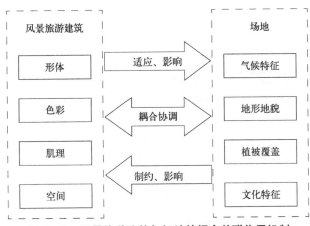

图4-20 风景旅游建筑与场地的耦合关联作用机制

（资料来源：作者绘制）

传统建筑学与风景园林学科在探讨风景旅游建筑与场地的整合、耦合关系时，多以定性描述与案例总结为主，缺乏定量化研究，从而难以较为客观地评价一个风景旅游建筑与场地的耦合程度，进而指导风景旅游建筑的设计实践。而通过量化分析，建构风景旅游建筑与场地之间的耦合度评价体系，生成多目标基础上的多方案类比与优化无疑是进行风景旅游建筑设计的有效途径，而通过 AHP 法建立耦合指标体系是现阶段较为可行的方法之一。

---

1 成玉宁，袁旸洋，成实. 基于耦合法的风景园林减量设计策略 [J]. 中国园林，2013（8）：9-12.

4.3.1 层次分析法（AHP）的基本原理

层次分析法（Analytic Hierarchy Process）是 20 世纪 70 年代由美国匹兹堡大学 T. L. Saaty 教授开发出来的一种分析方法，目前已经被广泛地应用在各大行业领域，如工商管理、工程管理、景区开发等，同时也被应用在规划设计专业的分析研究当中[1]。运用 AHP 进行分析的主要步骤为：(1) 做出分析对象的阶层构造；(2) 阶层要素之间的一一比较；(3) 评价标准的重要度；(4) 综合评价结果与判断整合度、整合比等[2]。

本研究是基于层次分析法，对风景旅游建筑与场地的耦合度评价体系进行的探讨，并先后通过建立耦合度评价指标体系、专家打分、计算权重、建立理想公式等过程，完成耦合度的量化计算模式，并根据此模式对实际方案——云南永子棋院进行耦合度评价应用。

4.3.2 基于 AHP 的耦合度评价指标体系

4.3.2.1 耦合矩阵的建立

如前文所述，风景旅游建筑的外在表征主要由视觉要素（形态）与空间感知两大部分构成，这也是影响风景旅游建筑与场地耦合关系的重要因素，其中的视觉要素可以抽象分解为"形体、色彩、肌理"[3]。同时，本文将影响风景旅游建筑设计的场地要素分解为"气候特征、地形地貌、植被覆盖以及文化特征"[4]。最后，将风景旅游建筑的四大要素与场地的四大要素进行两两关联，形成互为耦合的 16 对影响整体耦合度的影响要素，并一一对其进行语言描述（表 4-5）。

风景旅游建筑与场地的耦合矩阵（资料来源：作者绘制）　　　　表4-5

	气候特征	地形地貌	植被覆盖	文化特征
形体	形体适应于当地的气候特征	形体不破坏原始地形地貌	利用植被削弱形体的体量感	形体特征符合当地建筑文化
色彩	色彩适应于当地的气候特征	色彩与地形地貌相协调	色彩与植被的配置相协调	色彩源自于当地的惯用颜色
肌理	肌理适应于当地的气候特征	肌理与地形地貌相协调	肌理与植被的配置相协调	肌理源自于当地的传统文化
空间	空间形式符合当地的气候特征	空间形式满足地形地貌的特征	空间形式有利于植被的渗透	空间形式源自于当地传统建筑

1　章俊华. 规划设计学中的调查分析方法（12）——AHP 法 [J]. 中国园林，2003（4）：37-40.

2　章俊华. 规划设计学中的调查分析方法与实践 [M]. 北京：中国建筑工业出版社，2005: 57-61.

3　陈宇. 城市景观的视觉评价 [M]. 南京：东南大学出版社，2006: 27.

4　（美）G. Z. 布朗，等. 太阳辐射·风·自然光——建筑设计策略 [M]. 第 2 版. 常志刚，等译. 北京：中国建筑工业出版社，2007.

根据风景旅游建筑与场地的耦合矩阵，利用层级分析法（AHP法），选择"目标层—指标层级结构"建立风景旅游建筑与场地的耦合度评价体系，评价体系由三个层次组成，即目标层、准则层和指标层（表4-6）。

风景旅游建筑与场地的耦合度评价指标体系（资料来源：作者绘制） 表4-6

目标层A	准则层 B	指标层 C
耦合度评价A	形体与场地耦合B_1	形体适应于当地的气候特征C_{11} 形体不破坏原始地形地貌C_{12} 利用植被削弱形体量感C_{13} 形体特征符合当地建筑文化C_{14}
	色彩与场地耦合B_2	色彩适应于当地的气候特征C_{21} 色彩与地形地貌相协调C_{22} 色彩与植被的配置相协调C_{23} 色彩源自于当地的惯用颜色C_{24}
	肌理与场地耦合B_3	肌理适应于当地的气候特征C_{31} 肌理与地形地貌相协调C_{32} 肌理与植被的配置相协调C_{33} 肌理源自于当地的传统文化C_{34}
	空间与场地耦合B_4	空间形式符合当地的气候特征C_{41} 空间形式满足地形地貌的特征C_{42} 空间形式有利于植被的渗透C_{43} 空间形式源自于当地传统建筑C_{44}

4.3.2.2 判断矩阵的建立

判断矩阵 $A=(b_{ij})n \times n$ 具有以下属性：$b_{ij}>0$，$b_{ij}=1/b_{ji}$（$i,j=1,2,\cdots,n$）。其中 B_i（$i=1,2,\cdots,n$）代表元素与 B_j 对于上一层元素重要性的比例标度。判断矩阵的值反映了人们对各因素相对重要性的认识，一般采用 1～9 比例标度来对重要性程度赋值。若元素 i 与 j 的重要性之比为 b_{ij}，那么元素 j 与 i 的重要性之比 $b_{ji}=1/b_{ij}$（表 4-7）。

因子相对重要性标定（资料来源：作者绘制） 表4-7

标度（b_{ij}）	含义
1	表示两个元素相比，具有同样的重要性
3	表示两个元素相比，前者比后者稍微重要
5	表示两个元素相比，前者比后者明显重要
7	表示两个元素相比，前者比后者强烈重要
2，4，6	表示上述相邻判断的中间值

采用专家评分的方式，邀请来自教育、工程以及管理部门的专家学者为准则层、目标层进行排序打分，并据此分别建立 A、B_1、B_2、B_3、B_4 的判断矩阵。以判断矩阵 A 为例，经过专家们的排序打分，得出结论为：相比之下，"形体与场地耦合"显得比"色彩与场地耦合"稍微重要，比"空间与场地耦合"明显重要，而比"肌理与场地耦合"强烈重要。同理得出 B_1、B_2、B_3、B_4 的判断矩阵。

$$A=\begin{bmatrix}1&3&7&5\\1/3&1&5&3\\1/7&1/5&1&1/3\\1/5&1/3&3&1\end{bmatrix};\ B_1=\begin{bmatrix}1&1/3&5&3\\3&1&7&5\\1/5&1/7&1&1/3\\1/3&1/5&3&1\end{bmatrix};\ B_2=\begin{bmatrix}1&1/2&1/7&1/5\\2&1&1/5&1/3\\7&5&1&3\\5&3&1/3&1\end{bmatrix};$$

$$B_3=\begin{bmatrix}1&1/3&1/4&1/7\\3&1&1/2&1/5\\4&2&1&1/3\\7&5&3&1\end{bmatrix};\ B_4=\begin{bmatrix}1&2&7&5\\1/2&1&5&3\\1/7&1/5&1&2\\1/5&1/3&1/2&1\end{bmatrix}$$

4.3.2.3 计算相对权重、确定评分标准

设定判断矩阵 A 的最大特征根为 λ_{max}，其相应的特征向量为 ω，判断矩阵 A 的特征根。所得经归一化后，即为 B 层相应元素对于上一层次 A 层因素相对重要性的权重向量，即层次单排序[1]。

通过 λ_{max} 的计算以及判断矩阵一致性的检验后，将耦合度评价中的指标因子评分设为五个等级，并分别赋予 3、2、1、0、－1 分（表4-8）。

风景旅游建筑与场地的耦合度评价体系权重与评分标准（资料来源：作者绘制） 表4-8

目标层A	准则层B		指标层C		评分标准				
	指标因子	权重	指标因子	权重	3	2	1	0	－1
耦合度评价A	B_1	0.5634	C_{11}	0.2633	非常符合	符合	较符合	不符合	很不符合
			C_{12}	0.5634	非常符合	符合	较符合	不符合	很不符合
			C_{13}	0.0555	非常符合	符合	较符合	不符合	很不符合
			C_{14}	0.1178	非常符合	符合	较符合	不符合	很不符合
	B_2	0.2633	C_{21}	0.0612	非常符合	符合	较符合	不符合	很不符合
			C_{22}	0.1070	非常符合	符合	较符合	不符合	很不符合
			C_{23}	0.5670	非常符合	符合	较符合	不符合	很不符合
			C_{24}	0.2648	非常符合	符合	较符合	不符合	很不符合

1 金煜，闫红伟，屈海燕. 水利风景区 AHP 景观质量评价模型的建构及其应用 [J]. 沈阳农业大学学报（社会科学版），2011,13（4）：497-499.

目标层A	准则层B		指标层C		评分标准				
	指标因子	权重	指标因子	权重	3	2	1	0	-1
耦合度评价A	B_3	0.0555	C_{31}	0.0559	非常符合	符合	较符合	不符合	很不符合
			C_{32}	0.1253	非常符合	符合	较符合	不符合	很不符合
			C_{33}	0.2766	非常符合	符合	较符合	不符合	很不符合
			C_{34}	0.5422	非常符合	符合	较符合	不符合	很不符合
	B_4	0.1178	C_{41}	0.5294	非常符合	符合	较符合	不符合	很不符合
			C_{42}	0.3029	非常符合	符合	较符合	不符合	很不符合
			C_{43}	0.0895	非常符合	符合	较符合	不符合	很不符合
			C_{44}	0.0782	非常符合	符合	较符合	不符合	很不符合

4.3.2.4 耦合度评价的计算方法

通过风景旅游建筑与场地的耦合度评价分值计算公式求得耦合综合评价分值（公式1），利用综合评价分值来换算确定耦合度的数值（公式2），最后将耦合度按照10分制进行赋值，8分以上为风景旅游建筑与场地形成较高的耦合度，6～8分为形成一般耦合度，6分以下表示耦合性较差。

$$M=\Sigma x_i F_i \qquad\qquad 公式1$$

（M为耦合综合评价分值，x为各评价因子的评分值，F为各因子的权重）

$$C=M/M_0 \times 100\% \qquad\qquad 公式2$$

（C为耦合度，M为评价分值，M_0为取各因子最高得分与对应权重相乘叠加的理想值）

4.3.3 耦合度评价实例应用——以云南永子棋院为例

4.3.3.1 项目概况

保山市位于云南省西南部，四季气候温暖湿润，冬无严寒，夏无酷暑，素有"保山气候甲天下"之美誉。永子棋院位于保山市东城新区清华海景区内，西面由象山路连接老城区，东面对接东河及万亩荷塘田园风光带，北面毗邻清华湖，是清华海景区南入口的重要组成部分，也是城区向田园风光带过渡的重要节点（图4-21）[1]。

永子棋院在建筑功能上分为几个大区块，即永昌阁区、棋院区和永子文化会所区，其中永昌阁区含有新区规划展示、永子历史传承和顶级比赛等功能，棋院区含有永子棋院三座对弈堂，包含永子非物质文化传承展示，

---

1 南京大学建筑与城市规划学院．永子文化园永子棋院建筑规划设计 [R]．南京：南京大学建筑与城市规划学院，2013.

永子展销，围棋培训和大型专业比赛等功能，永子文化会所含有对外接待和餐饮功能（图4-22）。

图4-21 永子棋院区位图
（资料来源：南京大学建筑与城市规划学院）

图4-22 永子棋院总平面与鸟瞰图
（资料来源：南京大学建筑与城市规划学院）

4.3.3.2 耦合度评价

通过对当地情况的了解以及现场的踏勘，整理出永子棋院的详细项目背景以及现场照片，邀请多名专家按照耦合度评价体系的赋值方式给予评分，然后计算平均分值，最后得出该方案中的永子棋院与场地的耦合度得分为 C=8.216 分（表4-9），偶和综合评价分值 M=2.465 分，即该方案具有较高的场地耦合度。其中得分较高的指标为色彩（与场地的耦合）以及空间（与场地的耦合），因其设计中考虑到了当地传统建筑的惯用色彩以及空间分散式布局，大大加强了建筑空间与外部空间的联系。所以，作为一个风景旅游建筑，该方案中的永子棋院设计是一个处于风景之中，且能够自成风景的优秀方案（图4-23）。

综合评价分值M 耦合度C	准则层B 权重/得分		指标层C 权重/得分		
M=2.465 C=8.216	形体与场地耦合B_1 0.5634	2.356	形体适应于当地的气候特征C_{11}	0.2633	1
			形体不破坏原始地形地貌C_{12}	0.5634	3
			利用植被削弱形体体量感C_{13}	0.0555	3
			形体特征符合当地建筑文化C_{14}	0.1178	2
	色彩与场地耦合B_2 0.2633	2.725	色彩适应于当地的气候特征C_{21}	0.0612	2
			色彩与地形地貌相协调C_{22}	0.1070	1
			色彩与植被的配置相协调C_{23}	0.5670	3
			色彩源于当地的惯用颜色C_{24}	0.2648	3
	肌理与场地耦合B_3 0.0555	1.181	肌理适应于当地的气候特征C_{31}	0.0559	2
			肌理与地形地貌相协调C_{32}	0.1253	2
			肌理与植被的配置相协调C_{33}	0.2766	1
			肌理源自于当地的传统文化C_{34}	0.5422	1
	空间与场地耦合B_4 0.1178	2.697	空间形式符合当地的气候特征C_{41}	0.5294	3
			空间形式满足地形地貌的特征C_{42}	0.3029	2
			空间形式有利于植被的渗透C_{43}	0.0895	3
			空间形式源自于当地传统建筑C_{44}	0.0782	3

永子棋院的耦合综合评价分值与耦合度（资料来源：作者绘制）　　表4-9

图 4-23　永子棋院透视图

（资料来源：南京大学建筑与城市规划学院）

4.3.3.3　耦合度评价结论

风景旅游建筑与场地的耦合度评价是进行方案设计阶段的方案对比、设计调整以及实际工程项目评估的重要手段，运用 AHP 法进行耦合度评价体系的建构，其评价过程建立在专家学者对现有案例或设计方案的主观打分之上，外界影响的干预性较小，简单易行且清晰明确。

但是，由于 AHP 法自身的主观性以及后期评价中的主观因素都是不可回避的问题，专家学者或专业人士的自身素养以及其对方案所处自然、人文环境的了解深度都是影响评价结果的重要因素。如何建立一个更加客观、科学而不过分依赖于评价者自身条件的耦合度评价体系是建筑学、风景园林学科的一个重要研究课题。

第5章 风景旅游建筑与人的耦合

　　游客是开展游憩活动的主体，也是风景旅游建筑的主要使用者，风景旅游建筑是游客开展游憩的场所，并为游客提供了空间体验的机会，同时，风景旅游建筑还应该是风景区环境的有机组成，为游客提供视觉景观享受，因此，游客与风景旅游建筑通过游憩行为形成相互耦合的完整系统（图5-1）。

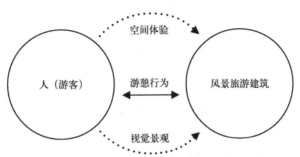

图 5-1　人（游客）与风景旅游建筑的耦合机制

（资料来源：作者绘制）

　　体验与自然界的联系，是人类的天性，领略大自然的脉搏亦是人的本能。人们从自身的情感世界中，架起通往自然的桥梁。天然光线、天籁之声、花草芬芳，清润气息的融入都会令人心旷神怡。户内外环境的衔接，天然材料的运用，自然现象的模拟与隐喻，融入自然活动的场所，都会令人产生一种降意，一种动感。大自然是富于情感的空间，可提供平衡心灵所需的支撑和平静[1]。如何在风景区内的自然环境中寻求一条既能满足旅游活动的功能性风景旅游建筑，又能够在风景旅游建筑中满足不同类型的旅游者的自然联系以及情感需求，这是当下旅游业者与设计师需要斟酌的课题。

5.1　基于旅行者情感需求的风景旅游建筑设计

　　在风景区内开展旅游活动，对于旅游者（游客）来说，归根到底是一种体验过程与情感需求的满足。在谢彦君教授的"旅游行为动力学"模型

1　荆其敏，张丽安 . 情感建筑 [M]. 天津：百花文艺出版社，2004：15.

中，以"补偿匮缺""实现自我"为主要表征的"旅游内驱力"位于金字塔的最上端，统领、制约着"旅游需要"（旅游愉悦）、"旅游动机"以及"旅游行为"，但是从操作层面来说，对于旅游行为影响最直接也最大的还是旅游者的动机（图 5-2）[1]。

图 5-2 旅游行为动力学模型

（资料来源：改绘自谢彦君，2005[2]）

关于旅游者的动机，艾泽欧—阿荷拉则认为是来自于追求和逃避两种力量，追求来自于个人的内部，是促发旅游行为的根本动力来源，逃避的力量则来自于外部世界的压力、招引和呼唤，以此来回答了"人为什么旅游"的问题。当人的内在动力和规避外部环境的状况都十分强烈的情况下，则表现出强烈的旅游倾向，在没有遭遇环境压力而同时内心对新奇事物麻木的人，则不会有旅游的任何动力（图 5-3）[3]。

规避外在环境的欲望

		强烈	微弱
寻求内在满足的欲望（体验新奇）	强烈	探寻未知世界的心理倾向	非常愿意在一些熟悉的地方获得强烈的体验感受 ——缺乏旅游的动力
	微弱	寻求在熟悉的旅游环境中放松身心 ——前往大众性旅游目的地	对任何地点和活动都缺乏兴趣 ——惰性很强

图 5-3 艾泽欧—阿荷拉的模型

（资料来源：谢彦君，2005）

1 谢彦君 . 旅游体验研究：一种现象学的视角 [M]. 天津：南开大学出版社，2005: 103.

2 谢彦君 . 旅游体验研究：一种现象学的视角 [M]. 天津：南开大学出版社，2005: 103.

3 S.E.ISO-Ahola . Toward a Social Psychological Theory of Tourism Motivation [J]. Annals of Tourism Research，1982（2）: 256.

5.1.1 基于旅游动机的情感需求分阶

从心里动力机制的角度来看，在旅游活动中获得愉悦的情感满足，需要依靠更具动力性质和动力强度的旅游动机来落实，旅游动机是旅游需要在内容上的实践性分解[1]。换句话说，对于自然、文化、健康的需求以及社会关系与声望的提升是旅游愉悦感的重要动力来源，而不同旅游者的旅游动机则不尽相同，所以，在进行风景旅游建筑设计前，对于不同旅游者的旅游动机进行分阶、分类化研究很有必要。

5.1.1.1 环境补偿的情感需求

从旅游的角度来看，环境中出现了能导致对潜在旅游者形成旅游动机的矢量因素，那一定是环境中出现了某种不平衡，当潜在的旅游者的心理感受与客观环境存在着明显的差距时，旅游的动机就生成了。而长期生活在不同环境与不同状态的人，其旅游动机也有着巨大的差异性，正如《美国人的假期》中说的那样，"富裕的人的假期要过上一天农民的日子，而贫穷的旅游者则希望过上一天国王的日子"。

现代的都市生活代表着生活其中的人们的繁杂与压力，而他们内心的需求则是回归到原始的环境状态。随着人类社会的发展，都市环境的复杂程度越来越高，而他们对于原始景观、环境的需求越来越强烈，而生活在山村的农民则对于大城市的繁华生活与都市景象充满期望（图5-4）。

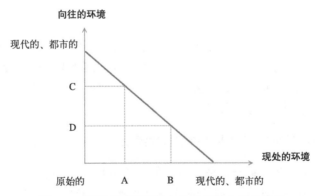

图5-4 旅游者现处环境与向往环境之间的关系

（资料来源：作者绘制）

那么，根据环境补偿需求理论，进入保持原始风貌较为完整的风景区的旅游者则多数来自于城市之中，当然，他们的出发地也有着不同程度的

---

1 谢彦君.旅游体验研究：一种现象学的视角 [M]. 天津：南开大学出版社，2005: 104.

发达度，但是他们对于原始风貌景观的追求是相同的，尤其是城市的环境污染加剧和乡村城市化进程的强烈，人们对原始的自然景观越来越偏爱了，同时也带着一种"访古溯宗"与"探秘"的情怀对古代的人文景观以及异域风情充满遐想，从而促进了旅游动机的产生。

现代的风景区，从严格意义上来说也不再是未经后人开发、改变过的自然环境，尤其是在进行风景旅游建筑的建设时，不自觉地已经将都市化的方式与环境设计手法移植到风景区内，使得风景旅游建筑打破风景区原有的自然风貌，因此，风景旅游建筑的环境情感补偿设计显得尤为重要。

5.1.1.2　旅游者的情感需求分阶

对于不同的旅游者而言，其游憩满意度都来自于旅游期望值与旅游目的地环境的统一性，而旅游期望值又主要决定于其旅游动机。例如，极端的生态旅游者则希望风景区内的环境是绝对原始与极少有人为痕迹的，而平日里缺乏交流的老年人则希望游憩活动中有较多同伴在身边。所以，针对不同旅游动机的旅游者，风景旅游建筑的设计考虑都有所不同，这就需要根据风景区的自然度分区进行一定的区别对待，以折中与分类化的方式完成风景旅游建筑的设计与设置。

对于生态旅游者来说，他们更可能选择人迹罕至或者非旅游高峰期的风景区进行旅游活动，而不会选择在黄金周内进入黄山、峨眉山、九寨沟这些人山人海的环境之中；但是，对于大众旅游者来说则不然，他们对旅游环境的要求并不太高，甚至组团出游。前者对于风景旅游建筑的态度可能是越少越小越好，而后者可能对风景旅游建筑的态度没有那么明显。所以，在核心保护区内可能更会出现生态旅游者的身影，相应的风景旅游建筑也应该保持更高的自然度以及更加隐蔽。而在游憩区内，风景旅游建筑的设置则可能以功能齐全，服务周到为原则，甚至通过增加其空间的体验性来提高大众化游客的满意度（图5-5）。

5.1.2　旅游者对风景旅游建筑的体验性需求

体验是人自身的感受，是通过人的感受体现在大脑皮层中的反应，认知心理学家诺曼提出了大脑反应的三个层次：本能层、行为层和反思层，同时，三种水平的设计与产品特点的对应关系，即：本能水平的设计对应于外形，行为水平的设计对应于使用的乐趣和效率，反思水平的设计则对应于自我形象、个人满意、记忆[1]，那么，风景旅游建筑的体验性也可以如此划分为三个层次。

1　Donald A. Norman. 情感化设计 [M]. 北京：电子工业出版社，2005: 31.

代表性建筑形式	旅游者分类	旅游形式	能接受的建筑设施
穴居、巢居	生态旅游者	探险式	数量少、功能简单
古代建筑	大众化旅游者		
近代建筑	特殊需求旅游者	安逸型	功能齐全

两大情感取向　自然　人文

图 5-5　不同情感取向的风景旅游建筑接受程度图谱

（资料来源：作者绘制）

（1）风景旅游建筑中的符号隐喻体验（本能层）

人是视觉动物，对外形的观察和理解是出自本能的。如果视觉设计越是符合本能水平的思维，就越可能让人接受并且喜欢。为了表达地方建筑文化和自然环境特征，建筑师常会从传统建筑形象或地方自然、文化事物的形象中提取符号应用于建筑。形式符号有较强的拟态性，且应用最为普遍。事物形式源于内涵，内涵不同则形式也会不同。形式符号在应用上具有两面性，尤其是以自然、地方文化事物为符号时。过于具象的符号，虽有很强的识别性，容易被大众理解，但容易庸俗化。过于抽象化的符号虽易与建筑语言结合，但其象征意义容易模糊，产生歧义[1]。

相对于风景旅游建筑中的场所精神营造，符号化的隐喻也是风景旅游建筑设计中常常出现的手法。前者给予旅游者、体验者的是一种空间上与心理上相统一的精神感受，而后者则是通过对于风景区内的自然、人文的特征进行了符号化提炼，并以最为直接、快捷的视觉方式传达给旅游者，是经过前期编译、整理过的自然、文化特征（图 5-6）。

符号化隐喻似乎有着后现代主义建筑的深深烙印，但后现代主义建筑的商业化追求也是当前旅游行业的基本特征之一。符号化隐喻的元素是一种易于读懂，对于受众的文化程度没有太高要求的做法，这也适合于我国当前旅游者人群多样化的特征。当然，对于一个完整的风景旅游建筑而言，过于直白的符号隐喻可能传递的是一种天真浪漫的情怀，或者是过于低俗与幼稚的取向，这取决于自然环境与风景旅游建筑的相对比重，以雕塑化

1　顾红男，丁素红. 转换：建筑符号的应用策略 [J]. 华中建筑，2013（8）：16.

的微小体量介入海洋式广袤背景，符号化的风景旅游建筑还是较为容易被大众所接受的。

图 5-6　体量合适的鱼形设施与体量庞大的船型建筑
(资料来源：作者拍摄)

但是，如果体量过大的后现代隐喻建筑出现在风景区内，还是难以让人在情感上接受。符号化隐喻的另一种情况，是在完整建筑体量的局部展示风景区内部的自然、文化特色，以抽象化的标示符号来传达给旅游者。这种符号的表达较为保险，通常具有装饰性以及象征性，有时候是以地方性图腾作为基本素材（图 5-7）。

图 5-7　象征动物的图案与象征海滨的装饰画作为一种隐喻
(资料来源：作者拍摄)

（2）风景旅游建筑中的空间场所体验（行为层）

优秀的行为水平的设计应该是体现易读的、可用的物理感受[1]。在"体验经济"的浪潮下，具有特殊体验价值的建筑物，无论其本身的功能如何，都有可能变身为人们试图去参观旅游的对象。而那些为旅游服务的建筑系统，甚至与旅游无关的建筑系统，都可能在体验的光芒下变成某种"建筑

1　Donald A. Norman. 情感化设计 [M]. 北京：电子工业出版社，2005: 31.

吸引物"，旅游需要富有体验的风景旅游建筑，富有体验的建筑物将有可能成为旅游吸引物。人们一直在寻找不一样的体验，愿意并且已经在为之付钱，这就是促使"体验成为必然"的逻辑。

参观展示类的建筑设施如博物馆、展览馆，以及旅游服务类的游客服务中心、车站、售货亭甚至公共厕所，也都开始越来越注重建筑给予人们的整体印象。这些做法都是在有意无意之中增强了建筑设施的场所感，场所与建筑和城市空间密切相关，场所精神存在于能够容纳体验，能够产生共鸣的空间之中，场所精神是空间体验的产物，也是空间的再创造（图5-8）[1]。

图 5-8　宁静平和与神秘敬畏的场所精神

(资料来源：作者拍摄)

风景旅游建筑作为承载旅游活动的重要部分，其所起到的作用不可忽视。换句话说，由于旅游活动本身就有较强的体验需求，因此，作为承载旅游活动的风景旅游建筑也需要更富有体验，这不是一种强加于建筑上的要求，而是一种品质的体现和功能的回归。但正是这种源于根本的要求，使得我们的建筑开始在功能之外承担起一些更高的、精神方面的责任，建筑内涵得到全面的升级。

（3）风景旅游建筑中的参与性体验（反思层）

旅游的本质是一种体验活动，是旅游者离开居住地去他地旅行时获得的一种丰富的经历和感受，同时，旅游者在旅行中通过接触陌生事物而进行学习的过程也是一种体验[2]。对于大众化旅游者而言，风景区内为旅游活动服务的风景旅游建筑是在建筑空间矢量基础上，加入了时间这个象征体验的维度。

作为旅游者在风景区内重要的空间，强化风景旅游建筑的参与式体验

1　郑时龄．建筑空间的场所体验[J]．时代建筑，2008（6）：34.

2　邹统钎．旅游景区开发与管理[M]．北京：清华大学出版社，2008：25.

是强化旅游者旅游活动的连续性、提高游憩满意度的重要手段，也是目前风景旅游建筑发展的一大趋势。对于风景旅游建筑而言，反思层的设计应该是具有参与性体验的建筑空间，以风景旅游建筑作为不同游憩活动以及民俗、文化活动的参与媒介。

图 5-9　风景旅游建筑与参与式旅游活动
(资料来源：作者拍摄)

5.2　基于心理物理学方法的风景旅游建筑视觉评价

关于风景旅游建筑的视觉评价的研究并不多见，而有关风景资源的视觉影响评价，学界则主要存在公认的四大学派：专家学派、心理物理学派、认知学派（心理学派）以及经验学派（或称现象学派）[1]。四大学派在研究方法和对象上各有特点也各有弊端，如专家学派节省时间却过于依赖专家的主观判断，经验学派则与之相反，两者互为补充；而心理物理学派和认知学派的研究方法则直接反映大众的偏好，在时间、经费条件允许的前提下，是进行风景资源视觉影响评价较为客观、合理的方法[2]。本书将主要应用心理物理学的主要方法以及认知学派中维度评估的做法来探讨分析风景旅游建筑的视觉评价。

本书采用心理物理学方法以及环境偏好理论，通过对一定数量的风景旅游建筑进行视觉评价与分析，试图寻求影响公众对风景旅游建筑偏好度的主要因素，从而更好地指导以后的风景旅游建筑设计与建造。风景旅游建筑因其处于视觉生态脆弱的区域，在设计与建设中更应该注重其视觉影响评价，以减少因规划、设计过程失误而导致的景观污染。

1　毛文永. 建设项目景观影响评价 [M]. 北京：中国环境科学出版社，2005: 8-11.
2　郑朝明. 认知心理学——理论与实践 [M]. 第 3 版. 台北：桂冠图书，2006: 46-47.

5.2.1 心理物理学方法与环境偏好矩阵

心理物理学模式是现代风景景观评估的主要方法之一，其理论出发点是把景观与景观审美的关系理解为"刺激—反应"的关系，通过测量公众对景观的审美反应，设法寻求审美结果与景观客体元素之间的函数关系[1]。基于心理物理学模式的景观评价模型主要包括以下三个步骤[2]：（1）测定公众的审美态度，获得美景度量值；（2）将景观进行要素分解，并用 SD 法测定各要素的量值；（3）用统计学中的多元线性回归方法建立美景度与各要素之间的关系模型。在认知学派（心理学派）模式中将景观进行要素分解时，需要考虑的议题是从众多可能影响美景度量值的变数中选择一组变数。而 Kaplan 和 Kaplan 提出的环境偏好矩阵（Environmental Preference Matrix），一直被研究者所采用，借以了解对于景观偏好心理层面的反应（表5-1）[3]。其评估环境偏好的因子包括：（1）一致性（Coherence）：强调环境元素出现的凝聚特性与统一特性；（2）易读性（Legibility）：强调环境元素易于识别，不致使观赏者迷失的特性；（3）复杂性（Complexity）：强调环境元素种类数量丰富、多样化的组合特性；（4）神秘性（Mystery）：强调环境元素的新奇且具有吸引力。

环境偏好矩阵（资料来源：Kaplan，R. & Kaplan，S，1989）　　表5-1

	了解（Understanding）	探索（Exploration）
立即的（Immediate）	一致性（Coherence）	复杂性（Complexity）
推论的（Inferred）	易读性（Legibility）	神秘性（Mystery）

5.2.2 评价方法与过程

风景旅游建筑作为风景景观的组成部分，其"一致性"则体现在"与所处的环境相融合程度"（环境融合性），"易读性"则体现于"在环境的辨识程度"（本书将其反向转换为"隐蔽性"），"复杂性"则体现在"形体的复杂程度"，"神秘性"则体现于"风格、形态的独特程度"（本书将其转换为"独特性"）。此外，景观的自然程度也会影响到人们的偏好评价，因此"自然性"也是非常重要的评估因子，而作为人工景观的风景旅游建

1　刘滨谊. 风景景观工程体系化 [M]. 北京：中国建筑工业出版社，1991：23-31.

2　毛炯玮，朱飞捷，车生泉. 城市自然遗留地景观美学评价的方法研究 [J]. 中国园林，2010，（3）：51-54.

3　Kaplan，R. & Kaplan，S.The Experience of Nature: A Psychological Perspective [M]. New York: Cambridge University Press,1989: 78-83.

筑，其"文化性"也是不可忽略的一个要素[1]。运用 SD 法形成了评价因子的 6 对形容词组（表 5-2），统计问卷数据时，采用 5 点量表作为风景旅游建筑感知的评价尺度（0-1-2-3-4 整分制）。

基于SD法的风景旅游建筑评价因子（资料来源：作者绘制）　　表5-2

评价因子	SD词组选择
环境融合性	与环境冲突的—与环境融合的
隐蔽性	显眼的—隐蔽的
复杂性	简单的—丰富的
独特性	普通的—独特的
自然性	人工的—自然的
文化性	无文化的—有文化的

本书通过对国内部分风景名胜区的实地调研，拍摄 118 张不同地域、风格、规模的风景旅游建筑，为了控制环境变量，从中选择出 16 张以自然植被为环境背景，且风格、形态各异的风景旅游建筑作为调研对象。

研究显示，不同群体的评判者在审美态度上具有显著的一致性，专家学者与具有专业背景的学生的辨别能力和内部一致性，同时，研究表明，室内评判与野外的评判并没有显著差异[2]，为方便起见，本书选择某重点大学建筑学院建筑学、风景园林、城乡规划专业大二、大三、大四的 152 名本科学生（问卷文件全部有效收回）为评判者对 16 个风景旅游建筑样本进行随堂的幻灯片播放并进行偏好度打分（最低 0 分，最高 4 分）以及基于 SD 法的五点量表感知测评（图 5-10）。

5.2.3　评价结果分析

5.2.3.1　描述性统计分析

利用 SPSS 19.0 进行数据统计求均值得到 16 个风景旅游建筑样本的偏好度以及 6 个因子的分别得分（表 5-3），其中，偏好度最高的三个建筑样本为"建筑 10"：3.38 分、"建筑 12"：3.06 分、"建筑 16"：2.72 分；偏好度最低的三个建筑样本为"建筑 11"：0.97 分、"建筑 8"：1.02 分、"建筑 13"：1.47 分。通过再度观察照片可以看出，偏好度最高的三个建筑样本所采用的材

1　曾敦扬．民众对风景区凉亭之认知与偏好探讨——以澎湖国家风景区为例 [D]．台北：台北科技大学，2011:26-33.

2　刘滨谊．风景景观工程体系化 [M]．北京：中国建筑工业出版社，1991: 23-31.

图 5-10　风景旅游建筑的照片选择

（资料来源：作者拍摄整理）

感知评价得分表（资料来源：作者绘制）　　　表5-3

序号	偏好度	融合性	隐蔽性	复杂性	独特性	自然性	文化性
建筑1	2.23	2.53	2.67	3.32	1.76	1.82	2.59
建筑2	2.64	3.47	3.39	1.73	2.28	3.07	2.15
建筑3	1.94	2.41	3.16	2.03	2.08	1.86	1.52
建筑4	1.58	2.36	2.91	2.04	2.47	2.48	1.65
建筑5	1.82	1.94	2.41	2.61	1.60	1.50	1.63
建筑6	2.28	2.48	2.37	2.35	2.17	2.16	1.91
建筑7	2.10	2.76	3.03	2.40	2.19	2.67	1.91
建筑8	1.02	1.40	2.47	2.06	1.04	1.01	.93
建筑9	1.81	2.02	2.07	2.76	1.92	1.74	2.14
建筑10	3.38	3.58	3.46	2.77	2.96	3.13	2.65
建筑11	0.97	0.84	2.21	2.49	0.06	0.80	1.00
建筑12	3.06	3.22	2.42	1.99	2.98	3.01	2.55
建筑13	1.47	1.48	2.42	3.20	1.24	1.05	1.43
建筑14	2.13	2.35	2.92	2.39	1.73	2.06	2.18
建筑15	2.62	2.72	2.69	2.35	2.99	2.35	2.25
建筑16	2.72	1.84	1.98	3.13	2.95	1.19	1.89

质皆为具有较强自然属性的木材、竹材以及石材，相反，偏好度最低的三个建筑样本所采用的材质皆为较为人工的粉刷饰面与贴面。

5.2.3.2 风景旅游建筑偏好度的关联性分析

相关分析（Correlate）是研究变量之间关系紧密程度的一种统计方法。相关系数 r 是衡量两个变量线性关系强度及方向的数值（表5-4），一般情况下，相关系数 r>0.7 时可认为变量的关联程度为高度相关。R^2 为回归可解释变异量比，表示使用 X 去预测 Y 时的预测解释力，即 Y 变量被自变量所解释的比率，反映了由自变量与依变量所形成的线性回归模式的契合度，又称为回归模型的决定系数[1]。

相关系数r的大小与意义（资料来源：作者绘制）　　　　　　　　表5-4

相关系数范围（绝对值）	变量关联程度
1.00	完全相关
0.70～0.99	高度相关
0.40～0.69	中度相关
0.10～0.39	低度相关
0.10以下	微弱或无相关

依照对 16 个风景旅游建筑样本的偏好度以及评价因子的测评得分结果，针对观测评价者的风景旅游建筑景观偏好提出 6 项关联性研究假设的探讨（表5-5），即融合性、隐蔽性、复杂性、独特性、自然性、文化性分别对公众的风景旅游建筑偏好有显著影响。

研究假设（资料来源：作者绘制）　　　　　　　　表5-5

假设1	融合性对风景旅游建筑偏好有显著影响（H_1）
假设2	隐蔽性对风景旅游建筑偏好有显著影响（H_2）
假设3	复杂性对风景旅游建筑偏好有显著影响（H_3）
假设4	独特性对风景旅游建筑偏好有显著影响（H_4）
假设5	自然性对风景旅游建筑偏好有显著影响（H_5）
假设6	文化性对风景旅游建筑偏好有显著影响（H_6）

1　时立文 . SPSS 19.0 统计分析——从入门到精通 [M]. 北京：清华大学出版社，2012: 36-38.

利用 SPSS 19.0 统计软件，通过回归分析中的相关系数 r 与决定系数 R_2，对研究假设进行逐一检验。针对假设 1 以融合性对建筑偏好进行回归分析（表 5-6、表 5-7），结果显示在 0.01 显著标准下，t 值为 5.981，相关系数 r 值与标准化系数均为 0.848，调整后 R^2=0.699。说明在 0.01 显著标准下，融合性与偏好度具有高度直线相关，融合性对偏好度的预测解释力为 69.9%，由此可见，假设 1 可以成立。

融合性对偏好度回归分析摘要表（资料来源：作者绘制）　　　表5-6

模型	R	R^2	调整 R^2	标准估计的误差
1	0.848a	0.719	0.699	0.37108

a. 预测变量:(常量),融合性。

融合性对偏好度回归分析系数表（资料来源：作者绘制）　　　表5-7

模型		非标准化系数		标准系数	t	Sig.
		B	标准误差			
1	(常量)	0.316	0.314		1.006	0.331
	融合性	0.768	0.128	0.848	5.981	0.000

a. 因变量: 偏好度

同上原理，通过回归分析可以得出：(H_2)：在 0.01 显著标准下，t 值为 1.445，相关系数 r 值与标准化系数均为 0.360，调整后 R^2=0.068，说明隐蔽性与偏好度之间存在低度关系，隐蔽性对偏好度的预测解释力为 6.8%，由此可见隐蔽性对偏好度预测解释力较薄弱；(H_3)：复杂性与偏好度之间不存在相关关系（r=0.018），假设 3 不成立；(H_4)：独特性与偏好度之间存在高度相关（r=0.859），独特性对偏好度的预测解释力为 71.9%，假设 4 可以成立；(H_5)：自然性与偏好度之间存在高度相关（r=0.741），自然性对偏好度的预测解释力为 54.9%，假设 5 可以成立；(H_6)：文化性与偏好度之间存在高度相关（r=0.866），文化性对偏好度的预测解释力为 73.2%，假设 6 可以成立（表 5-8）。

研究假设的最终结论（资料来源：作者绘制）　　　表5-8

假设1	融合性对风景旅游建筑偏好有显著影响（H_1）	成立
假设2	隐蔽性对风景旅游建筑偏好有显著影响（H_2）	解释力薄弱
假设3	复杂性对风景旅游建筑偏好有显著影响（H_3）	不成立

假设4	独特性对风景旅游建筑偏好有显著影响（H₄）	成立
假设5	自然性对风景旅游建筑偏好有显著影响（H₅）	成立
假设6	文化性对风景旅游建筑偏好有显著影响（H₆）	成立

5.2.3.3 风景旅游建筑偏好度的分析结论

通过以上的关联性分析，就风景旅游建筑的观测偏好度进行探讨，本书可以得出以下结论：（1）相关性：风景旅游建筑的偏好度与风景旅游建筑的文化性、独特性、环境融合性、自然性等四个影响因子，在 0.01 显著水平下，相关系数 r 值介于 0.741 ~ 0.866 之间，显示偏好度与这四个影响因子呈高度直线相关；（2）预测解释力：四个影响因子对偏好度进行单变量回归时，在 0.01 显著水平下，调整后的绝对系数 R_2 值介于 0.549 ~ 0.732 之间，且预测解释力排序为文化性 > 独特性 > 环境融合性 > 自然性（表 5-9）。

偏好度与六大要素的相关性分析（资料来源：作者绘制）　　　　表5-9

		偏好度	融合性	自然性	文化性	独特性	丰富性	隐蔽性
偏好度	Pearson 相关性	1	.848**	.741**	.866**	.859**	.018	.360
	显著性（双侧）		.000	.001	.000	.000	.946	.170
	N	16	16	16	16	16	16	16
融合性	Pearson 相关性	.848**	1	.959**	.814**	.777**	−.309	.692**
	显著性（双侧）	.000		.000	.000	.000	.245	.003
	N	16	16	16	16	16	16	16
自然性	Pearson 相关性	.741**	.959**	1	.728**	.719**	−.442	.689**
	显著性（双侧）	.001	.000		.001	.002	.086	.003
	N	16	16	16	16	16	16	16
文化性	Pearson 相关性	.866**	.814**	.728**	1	.720**	.162	.316
	显著性（双侧）	.000	.000	.001		.002	.550	.233
	N	16	16	16	16	16	16	16
独特性	Pearson 相关性	.859**	.777**	.719**	.720**	1	−.110	.299
	显著性（双侧）	.000	.000	.002	.002		.685	.261
	N	16	16	16	16	16	16	16

		偏好度	融合性	自然性	文化性	独特性	丰富性	隐蔽性
丰富性	Pearson 相关性	.018	− .309	− .442	.162	− .110	1	− .410
	显著性（双侧）	.946	.245	.086	.550	.685		.115
	N	16	16	16	16	16	16	16
隐蔽性	Pearson 相关性	.360	.692**	.689**	.316	.299	− .410	1
	显著性（双侧）	.170	.003	.003	.233	.261	.115	
	N	16	16	16	16	16	16	16

**. 在 .01 水平（双侧）上显著相关。

5.2.3.4 典型风景旅游建筑解析

根据以上的分析，可以将文化性、独特性、融合性以及自然性四个因子作为描述风景旅游建筑品质的参考要素。将本次研究中偏好度得分最高的三个以及得分最低的三个风景旅游建筑分别对其四大因子得分进行雷达图表现（图 5-11），从中可以看出，偏好度较高的建筑具有较大的雷达面，而偏好度较低的建筑则具有较小的雷达面。值得一提的是，建筑 16 在文化性、融合性、自然性得分平平的情况下，凭借独特性这一项的突出表现而得到了较为理想的偏好度评价。

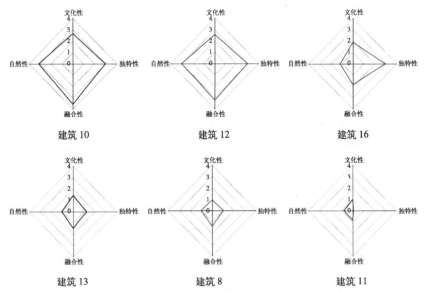

图 5-11 典型风景旅游建筑因子雷达图

（资料来源：作者绘制）

从观察这几个典型风景旅游建筑，可以得到其中的共性特征：（1）建筑材料选择方面，采用木、竹等自然材料与色彩作为表皮或者支撑结构的建筑更受欢迎，而采用砖瓦尤其是白色粉刷饰面等人工化痕迹较为明显的建筑普遍不受欢迎；（2）建筑体量方面，体量较小的建筑更受欢迎，而体量较大，尤其是横向长度过长的建筑普遍不受欢迎。

5.2.4　思考与探讨

作为风景景观的重要组成部分，公众对风景旅游建筑偏好程度主要与建筑的文化性、独特性、环境融合性以及自然性有关，而与建筑是否复杂或简单并无关联，与建筑是否隐蔽也无明显关联。所以，建筑师在今后的风景旅游建筑设计中应该有的放矢，避免将城市建筑设计中的方法与手法带入风景环境之中，突出体现其自然环境中的文化性与独特性，尤其是在建筑材料的选取以及建筑体量的把控方面做到慎之又慎。

作为风景建设的行政管理方，住房和城乡建设部以及各省住建厅、各风景区管理部门应积极细化风景区建设管理条例，尤其是对风景旅游建筑做出适合当地文化、自身环境的具体规范或条例。在此方面，借鉴参考美国以及台湾地区的一些做法[1]，我国风景旅游建筑设计制度可以从以下几个方面进行有益尝试。

（1）建立起完善的风景旅游建筑准入制度

经过对风景环境的分析和自然度界定以后，风景旅游建筑的设计与建设则有了基本依据和设计准则，对于风景环境不同的自然度分区，不同类型的风景旅游建筑有一定的准入标准，如对于游客中心这种规模相对较大、对环境的影响较显著的建筑，其分区准入度是较低的，只有在低密度开发区域以及一般开发区域才能够批准设置，从而有效降低了游憩活动对自然环境的影响。

（2）强化风景旅游建筑材料与营造的指导

在对风景旅游建筑的材料选择方面，首选当地生产的材料，因为其在运输和施工过程中所产生的污染最少。同时，利用传统建筑的施工工艺——垒、砌、捆、扎等，除了劳动力，则基本上不产生能源的消耗与环境的污染问题。同时，风景旅游建筑材料的选择应尽量避免精细化加工和城市化材料的出现，精细化的材料在维护管理与施工过程中都与周边的环境格格不入，也大大降低了风景旅游建筑的自然度，如不锈钢扶手、栏杆等城市化意向与自然环境较难融合，在不得不使用时，应考虑用油漆、烤漆等手

1　台湾国家公园学会．国家公园设施工程应用生态工法之研究 [R]．台北：台湾"内政部"营建署，2009：3-14.

段清除其金属光泽[1]。

（3）形成风景旅游建筑景观环境模拟机制

视觉模拟的操作有助于决策者、建筑师在建设开发行为发生之前预先感受风景旅游建筑在现实环境中的情形，一个好的视觉模拟成果，需要能够真实反映设施在环境中的视觉感官，包括体量、形式、色彩甚至质感。在进行风景旅游建筑的设置之前，对其进行景观视觉模拟是降低对环境景观干扰与影响的重要手段之一，并通过景观环境调查分析与建筑设施视觉模拟两大步骤进行操作[2]。

5.3 基于游客时空行为的风景旅游建筑分析——以休憩亭廊为例

本节将在对时间地理学、时空间行为理论及其在旅游规划中的应用现状进行研究总结的基础上，提出风景旅游建筑是游客时空行为发生的重要节点，明确了风景旅游建筑规划应以游客时空行为研究为基础的观点。以青城后山景区为例，运用 GPS 建筑定位、游客手环定点观察、问卷调查、数据可视化处理等多重手段，分析游客在风景旅游建筑中的时空行为特征，得出以游客时空行为为基础的风景旅游建筑规划分析方法。

5.3.1 时空行为与旅游研究概述

5.3.1.1 时空行为研究概述

在 20 世纪的大部分时间里，对人文环境和自然环境特定结构的探讨主导了地理学的研究，而时空间行为的研究为理解人类活动和人居环境之间在时空上的复杂关系提供了独特的视角[3,4]。尤其是 20 世纪 80 年代以来，时空间行为的研究重点转向对人类生活的关联性以及社会生活现状本身的思考，强调捕捉日常生活中的人与事物的地方性，表达特定时空情境中"在场"和"不在场"事物之间的关联性和整体性[5]。

时空间行为研究因其微观个体面向、时空结合等特点，也逐渐被国内外学者所吸收、接纳，随着时间地理学的发展，尤其是 GPS、GIS 等数据采集、数据处理手段的进步，对于时空间行为的研究已被应用在其他社会科学领

1　卓子瑾.国家公园设施与景观相融合之研究 [D].台北：台北科技大学，2011：71-73.

2　Stephen R.J.Sheppard.视觉模拟 [M].徐艾琳译.台北：地景出版社，1999：65-67.

3　（美）雷金纳德·戈列奇，（澳）罗伯特·斯廷森.空间行为的地理学 [M].北京：商务印书馆，2013.

4　柴彦威，塔娜.中国时空间行为研究进展 [J].地理科学进展，2013（9）：1362-1373.

5　柴彦威，等.时空间行为研究动态及其实践应用前景 [J].地理科学进展，2012（6）：667-675.

域之中，如交通规划与管理、城乡规划设计等学科当中 [1]。申悦、柴彦威、郭文伯利用 GPS 调查的手段对北京市 100 位郊区居民一周的时空间行为数据进行了采集，通过三维可视化、描述性统计与方差分析的方法，得出了一周之内居民时空间行为的显著差异 [2]；韩会然、宋金平利用问卷调查收据数据的形式分析了芜湖市居民购物行为的时空特征，并与其他大都市进行了比较研究 [3]；随着大数据时代的到来，城市时空间行为研究的方法也面临着变革，且主要取决于对反映居民时空行为的网络或移动信息设备数据的挖掘、处理及应用，从而指导城乡规划编制与管理方法的创新 [4]。此外，利用 GIS 对采集的数据进行定性可视化也成为目前时空研究的重要手段 [5]。

5.3.1.2 旅游研究中的时空行为

对于旅游研究而言，尤其是旅游景区规划，时空间行为研究不仅强化了传统旅游规划的调查与分析方法，还丰富了其学科内涵。旅游者时空间行为研究能够直接表述现实的旅游市场行为规律和偏好，为深度旅游市场的分析提供支持。游客时空间行为与旅游设施、产品服务的相互作用分析为旅游规划和产品提升提供研究基础，在空间行为研究的基础上引入时间要素，可实现精细化的旅游动态管理 [6]。

黄潇婷分别通过日志调查与 GPS 的数据获取方法，对颐和园景区内的游客时空行为进行了数据收集，利用 GIS 数据可视化、SPSS 聚类要素分析等手段得出了游客在景区内的不同行为模式分类，为景区设施改善、游程优化和管理提升以及提升游客体验质量有着一定的应用指导意义 [7,8]。同济大学王德教授研究团队根据 60 位学生模拟参观上海世博会数据建立参观模型，结合规划方案，应用模型模拟参观者的参观流线，发现规划中的参观时空间活动过于集中的问题，从而对规划方案进行调整，很好地说明了参观者时空分析对于规划设计方案评价与调整的应用价值 [9]。黎嵘从游客尤其行为出发，以基于 Agent 的 Repast Simphony 建模框架与 GIS Shape 数据模型为原型，建立了可动态模拟景区游客时空分布的游客行为仿真模

1　柴彦威，等.基于时空间行为研究的智慧出行应用 [J].城市规划，2014（4）：83-89.

2　申悦，柴彦威，郭文伯.北京郊区居民一周时空间行为的日间差异 [J].地理研究，2013（4）：701-710.

3　韩会然，宋金平.芜湖市居民购物行为时空间特征研究 [J].经济地理，2013（4）：82-87.

4　秦萧，等.大数据时代城市时空间行为研究方法 [J].地理科学进展，2013（9）：1352-1361.

5　关美宝，等.定性 GIS 在时空间行为研究中的应用 [J].地理科学进展，2013（9）：1316-1331.

6　塔娜，柴彦威.时间地理学及其对人本导向社区规划的启示 [J].国际城市规划，2010（6）：40-44.

7　黄潇婷.基于时间地理学的景区旅游者时空行为模式研究——以北京颐和园为例 [J].旅游学刊.2009（6）：82-87.

8　黄潇婷.基于 GPS 与日志调查的旅游者时空行为数据质量对比 [J].旅游学刊.2014（3）：100-105.

9　王德，等.基于人流分析的上海世博会规划方案评价与调整 [J].城市规划.2009（8）：26-32.

型，并对其在景区管理的实际应用进行了讨论[1]。

5.3.1.3 风景旅游建筑规划与时空行为

综上所述，由于研究者中以地理学、旅游学专业背景居多，少见建筑学、风景园林学专业的研究者对游客时空间行为进行研究，所以目前时空间行为研究应用于旅游规划主要针对现有景区旅游进行行为模式分类、可视化、旅游分时规划、时间解说系统规划等方面[2]，而较少有具体到风景旅游建筑、游览设施等的具体微观层面的规划设计研究，这也恰恰不利于宏观旅游规划真正落实到游客时空间行为研究上。

游客的行为既是旅游规划的基础，同时也是旅游规划的结果。旅游规划直接指导或影响游客时空间行为的形成，游客和时空间环境主客观两方面决定游客的行为。游客的行为与旅游规划之间互为因果，游客的行为是否科学合理，既影响游客自身的体验质量，也是旅游规划成果质量的反映。在景区内，风景旅游建筑是游客开展旅游活动的场所，并担负着为游客提供休憩、观景、餐饮、交流的空间功能，也是观察游客时空间行为的重要节点，而目前已有的研究与实际规划设计项目中却很少有研究者对风景旅游建筑的规划与游客的时空间行为关联起来，尤其是基于风景旅游建筑节点对游客行为的观察，所以使得传统旅游规划的视角过于宏观与主观，而缺少对于游客时空行为观察与研究的微观与客观参考。

（1）风景旅游建筑是游客时空行为的重要节点

在风景区，尤其是山岳型风景区内，休憩亭廊、游客中心等风景旅游建筑是游客旅行途中进行歇脚、饮食、盥洗等基本活动的场所，这些活动的发生与否主要反映了游客的生理需求以及身体素质条件。由于山岳型景区内步行道路狭窄、险要，所以大多很难为游客提供除了登山步行、短暂赏景以外的其他时空行为空间，而风景旅游建筑就成为游客在景区内发生各类时空间行为的重要节点。

日本建筑学家芦原义信将外部空间分为"运动空间"（Space of movement）与"停滞空间"（Space of Stagnation），其中"运动空间"主要用作"向某个方向前进或散步等"，"停滞空间"则主要为"静坐、交谈、饮食、聚会等"活动提供场所，即"相对于运动空间而言，停滞空间是能够为在一段时间内不发生相对位移的人提供活动的空间"[3]。本研究将借用"停滞空间"理论，提出风景旅游建筑"停滞率"的概念，以表述风景旅游建筑的

1　黎巎. 景区游客游憩行为计算机仿真模型 [J]. 旅游科学. 2013 (5)：42-51.

2　黄潇婷. 时间地理学与旅游规划 [J]. 国际城市规划. 2010 (6)：40-44.

3　芦原义信. 外部空间的设计 [M]. 尹培桐译. 北京：中国建筑工业出版社，1985.

使用率以及设置的必要性。

（2）风景旅游建筑的分布影响着游客游憩体验

风景旅游建筑的分布数量直接关系到游客休憩、饮食等行为的发生频率，而由于游客的生理特征、活动习惯的不同而使得其对于风景旅游建筑数量以及分布密度有着不同的需求，当风景旅游建筑的数量过少，则会直接导致部分游客体力不支、身体不适等状况的发生，而当风景旅游建筑数量过多、分布密度过大，则会影响风景区内的自然环境与风景构成，也会从另一个角度影响游客的游憩体验。

综上所述，旅游景区规划，应树立以游客为本的基本原则，明确风景旅游建筑规划设计的重要性与必要性，同时应以游客时空行为特征为规划设计依据，以游客时空行为研究为规划设计基础。

5.3.2 研究范围与基础数据

5.3.2.1 研究范围

青城山风景区是世界自然与文化双遗产地，是我国著名的旅游景点，是道教文化的重要发源地。青城山风景名胜区位于四川省都江堰市西南部，成都平原与龙门山断裂带的过渡区，地处川西旅游环线及成都西郊四季风光旅游带的中心位置。青城后山是青城山景区的重要组成部分，总面积约100km^2（图 5-12）。

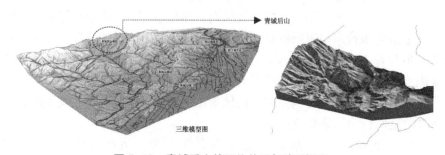

图 5-12　青城后山的区位关系与地形概况
（资料来源：作者改绘）

青城后山景区内以山岳型登山步道为主要游览线路，并设有金骊、白云两条索道线路，一般情况下，年轻人以步行上下山为主，部分乘坐索道下山，而中老年人以乘坐索道上下山为主。为了较为科学、准确地观察与记录游客的时空间行为，本研究选择在青城山旅游旺季 8 月初，将金骊索道下站与白云索道上站之间的景区步行区间作为本研究数据采集与行为观察的范围，并重新对沿途的亭廊名称进行纠正（如图 5-13）。

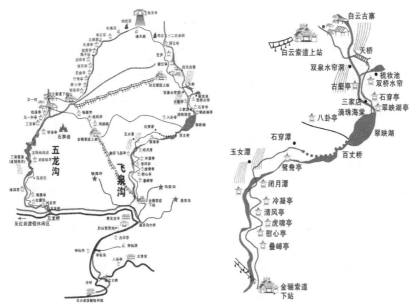

图 5-13　研究范围在青城后山中的位置

（资料来源：作者绘制）

5.3.2.2　基础数据收集

首先，对研究区域内的风景旅游建筑——18个亭廊、1个公厕进行编号，并利用佳明 ETREX 20 手持 GPS 对其进行地理坐标（海拔）采集，同时，利用计步器对风景旅游建筑之间的步行数目进行统计（表5-10）。此外，对风景旅游建筑进行周边环境景观图像采集以及建筑图形速写。

研究区域内的风景旅游建筑基础数据（资料来源：作者绘制）　　表5-10

标号	名称	类型	交通形式	步行计数	坐标（经纬度）	海拔
P1	飞泉沟	廊	穿过式	0	N30° 55.507' E103° 29.202'	948 m
P2	仿卷阁	廊	毗邻式	553	N30° 55.623' E103° 29.089'	951 m
P3	叠嶂亭	亭	毗邻式	636	N30° 55.636' E103° 29.089'	974 m
P4	慰心亭	廊	毗邻式	848	N30° 55.669' E103° 29.052'	975 m
P5	虎啸亭	亭	毗邻式	1064	N30° 55.701' E103° 29.041'	999 m
P6	清风亭	亭	穿过式	2017	N30° 55.835' E103° 28.865'	1094 m
P7	冷凝亭	亭	毗邻式	2239	N30° 55.875' E103° 28.843'	1122 m
P8	厕所	厕所	毗邻式	2302	N30° 55.878' E103° 28.826'	1104 m

标号	名称	类型	交通形式	步行计数	坐标（经纬度）	海拔
P9	远古飞泉	亭	穿过式	2367	N30° 55.888' E103° 28.803'	1119 m
P10	闭月潭	亭	毗邻式	2817	N30° 55.946' E103° 28.782'	1160 m
P11	玉女潭	亭	毗邻式	3578	N30° 56.084' E103° 28.816'	1223 m
P12	鸳鸯岛	亭	外岛式	3825	N30° 56.132' E103° 28.803'	1242 m
P13	百丈桥	亭	穿过式	4074	N30° 56.175' E103° 28.771'	1207 m
P14	翠映湖	廊	穿过式	4893	N30° 56.340' E103° 28.838'	1272 m
P15	石壑亭	亭	毗邻式	5059	N30° 56.413' E103° 28.902'	1267 m
P16	石穿潭	亭	毗邻式	5310	N30° 56.424' E103° 28.956'	1252 m
P17	生云亭	亭	穿过式	6226	N30° 56.650' E103° 28.997'	1340 m
P18	双泉水帘	亭	毗邻式	7093	N30° 56.800' E103° 28.991'	1397 m
P19	九天桥	廊	穿过式	7360	N30° 56.825' E103° 28.996'	1404 m

根据现场调查可以看出，研究区域内的亭廊建筑材料与结构形式以木结构、树皮敷面为主，或复古敷瓦建筑以及附带混凝土结构公厕建筑（图5-14）。亭廊与游客步道的关系可以分为穿过式、毗邻式以及外岛式三种类型，不同类型的交通穿过方式将对游客的停滞行为产生一定影响，并与亭廊与相邻亭廊之间距离、海拔高差、周边景观等因素一起成为影响游客停滞行为发生的重要原因。

P1 飞泉沟　　P2 仿卷阁　　P3 叠嶂亭　　P4 慰心亭

P5 虎啸亭　　P6 清风亭　　P7 冷凝亭　　P8 厕所

图 5-14　研究区域内的风景旅游建筑（一）

（资料来源：作者拍摄整理）

P9 远古飞泉　　　P10 闭月潭　　　P11 玉女潭　　　P12 鸳鸯岛

P13 百丈桥　　　P14 翠映湖　　　P15 石墅亭　　　P16 石穿潭

P17 生云亭　　　P18 双泉水帘　　　P19 九天桥

图 5-14　研究区域内的风景旅游建筑（二）

（资料来源：作者拍摄整理）

通过前期的基础资料搜集与踏勘，根据手持 GPS 的亭廊经纬度坐标采集，我们可以近似认为研究区域内的步行路径为一条经过 19 个参考点的光滑曲线，相邻两点之间的路径可以看作近似的一条线段。相类似，19 个参考点在竖直方向的海拔也呈一个总体走势为向上、局部向下的波动曲线（图 5-15）。

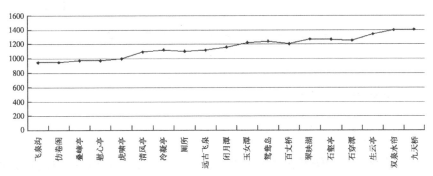

图 5-15　休憩亭廊的海拔变化曲线示意图

（资料来源：作者绘制）

在预调研时期，通过 3 名经过培训的调研员使用计步器得到研究区域内的步行步数的平均值可以看到，从起始点飞泉沟到终点九天桥共计 7360 步，并从步数增加的过程可以看到，有些区域的休憩亭廊较为集中，而另一些区域的休憩亭廊较为缺乏（图 5-16）。

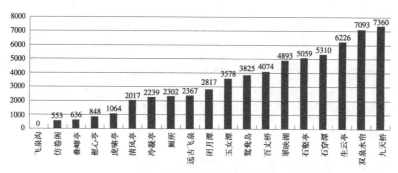

图 5-16　基于休憩亭廊的步行计数直方图
（资料来源：作者绘制）

为了更为直观地表现相邻亭廊之间的步行距离，将累计步数转换成计步差，从而较为明晰地展示出亭廊之间的步行节奏，为接下来的分析研究做好基础数据准备（图 5-17）。

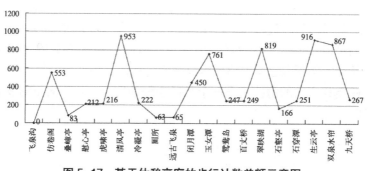

图 5-17　基于休憩亭廊的步行计数差额示意图
（资料来源：作者绘制）

5.3.3　研究方法与过程

5.3.3.1　亭廊的停滞率与停滞指数

本研究安排调研员在 2 个工作日、2 个周末统计各亭廊中通过的游客性别、年龄段的基本分布状况，男性游客占总人数的 48%，女性游客占 52%，即男女比例接近 1 : 1，从年龄分布来看，以中青年为主要游客群体，占总体人数的96%，老年与少年游客较为稀少（图5-18）。

如前文所述，亭廊作为"停滞空间"主要为游客的"静坐、交谈、饮食等"活动提供场所，即相对于"运动空间"步行道而言，"停滞空间"亭廊是能够为在一段时间内不发生相对位移的人提供活动的空间。本研究分别在相邻的两个工作日与周末记录在其中逗留发生活动的人数分布以及活动情况，得出每一个风景旅游建筑的游客"停滞率"以及停滞时间的长度，由于游客在各亭廊中的行为类型具有随机性，本研究不考虑停滞活动的具体类型差别（表5-11）。

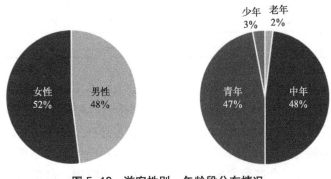

图5-18 游客性别、年龄段分布情况
（资料来源：作者绘制）

<table>
<tr><td colspan="5" align="center">亭廊停滞情况统计（资料来源：作者绘制）　　　　　　表5-11</td></tr>
</table>

标号	名称	停滞率（S）	通过率（P）	人均停滞时间（t）min
P1	飞泉沟	0.13	0.87	3.0
P2	仿卷阁	0.05	0.95	1.0
P3	叠嶂亭	0.03	0.97	1.5
P4	慰心亭	0.07	0.93	2.5
P5	虎啸亭	0.12	0.88	1.0
P6	清风亭	0.52	0.48	6.0
P7	冷凝亭	0.23	0.77	7.0
P8	厕所	0.20	0.80	2.0
P9	远古飞泉	0.15	0.85	3.5
P10	闭月潭	0.37	0.63	5.0
P11	玉女潭	0.20	0.80	3.5

标号	名称	停滞率（S）	通过率（P）	人均停滞时间（t）min
P12	鸳鸯岛	0.10	0.90	6.0
P13	百丈桥	0.02	0.98	3.0
P14	翠映湖	0.43	0.57	6.5
P15	石壑亭	0.17	0.83	6.0
P16	石穿潭	0.17	0.83	2.0
P17	生云亭	0.03	0.97	5.0
P18	双泉水帘	0.33	0.67	5.5
P19	九天桥	0.71	0.29	2.5

　　从起始点飞泉沟到终点九天桥这一区间内，亭廊的停滞率呈现出一定的波动性变化（图 5-19）。飞泉沟作为游客步行登山的起点，会有一部分游客选择驻足拍照、休憩聊天，但大部分游客会选择直接通过，并在前五个亭廊保持较为低的停滞率，反映了登山游客在登山前期还具有较好的体能储备；并从第三个亭廊叠嶂亭起，停滞率开始增加，也显示了游客的体能消耗和疲劳感的增强；如此循环重复，整个过程出现了清风亭、闭月潭、翠映湖、九天桥等 4 个停滞高峰，尤其是清风亭和九天桥，其停滞率皆已超过 0.5。

　　与此同时，在经过清风亭、闭月潭、翠映湖者三次较高停滞率的亭廊后，停滞率出现了明显的下滑，并出现了远古飞泉、百丈桥、生云亭这三个停滞率的低谷，反映出登山游客体能消耗、恢复的节奏性规律与周期性特征（图 5-19）。

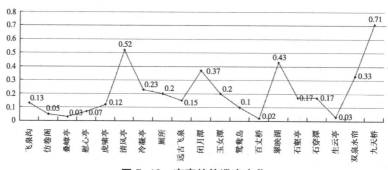

图 5-19　亭廊的停滞率变化

（资料来源：作者绘制）

人均停滞时间在一定程度上反映了在亭廊中逗留游客的疲劳程度、体能消耗程度以及活动的多样性，也体现了该亭廊的必要程度与使用状况（图 5-20）。与前面的停滞率折线图相比，亭廊人均停滞时间则呈现出更大的波动频率，出现了较多的波峰与波谷，但整体依然呈现出有节奏的规律性波动。

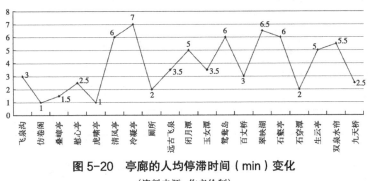

图 5-20　亭廊的人均停滞时间（min）变化

(资料来源：作者绘制)

休憩亭廊的停滞率和人均停滞时间都能够在一定程度反映亭廊的必要性，但是却存在一定的偏差，为了更为科学、客观地考量亭廊的必要程度与使用状况，选择亭廊停滞指数（St）＝停滞率（S）×人均停滞时间（t），与停滞率、人均停滞时间相比，St 的数值大小能够更加全面的体现亭廊的使用情况（表 5-12）。

亭廊的停滞指标（资料来源：作者绘制）　　　表5-12

标号	名称	停滞率（S）	人均停滞时间（t）min	停滞指数（St）
P1	飞泉沟	0.13	3.0	0.39
P2	仿卷阁	0.05	1.0	0.05
P3	叠嶂亭	0.03	1.5	0.05
P4	慰心亭	0.07	2.5	0.18
P5	虎啸亭	0.12	1.0	0.12
P6	清风亭	0.52	6.0	3.12
P7	冷凝亭	0.23	7.0	1.61
P8	厕所	0.20	2.0	0.40
P9	远古飞泉	0.15	3.5	0.53
P10	闭月潭	0.37	5.0	1.85

标号	名称	停滞率（S）	人均停滞时间（t）min	停滞指数（St）
P11	玉女潭	0.20	3.5	0.70
P12	鸳鸯岛	0.10	6.0	0.60
P13	百丈桥	0.02	3.0	0.06
P14	翠映湖	0.43	6.5	2.80
P15	石壑亭	0.17	6.0	1.02
P16	石穿潭	0.17	2.0	0.34
P17	生云亭	0.03	5.0	0.15
P18	双泉水帘	0.33	5.5	1.82
P19	九天桥	0.71	2.5	1.78

　　与停滞率、人均停滞的变化曲线相比，停滞指数的变化则呈现出更加规律性的变化，如出现了清风亭、翠映湖两个高峰值，并在各自的后面出现的第四个亭廊（闭月潭、双泉水帘）出现了次峰值，较为客观地体现了登山游客的体能消耗与体能恢复的完整性变化以及对于亭廊建筑的需求状况（图 5-21）。

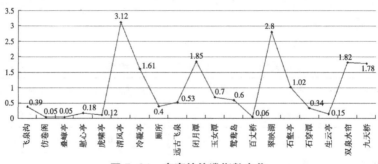

图 5-21　亭廊的停滞指数变化

（资料来源：作者绘制）

　　综上所述，本研究提出了休憩亭廊的"停滞率"与"停滞指数"的概念，为以后的风景区亭廊选址规划提供了理论依据。"停滞率"的大小主要反映的是亭廊选址的合理性和必要性，而"停滞指数"则包含了对于平均停滞时间的考虑，更全面的体现了游客对于该亭廊的使用程度，本文将以"停滞指数"作为评价亭廊使用状况的指标。

5.3.3.2　志愿者时空间行为观测

为了更为准确地探讨登山游客对于风景亭廊的需求情况，本研究组在两个休息日各征集旅行志愿者 20 名并较为完整地记录其在研究区域内的行动轨迹与亭廊停滞情况。为了获得客观、科学的研究结果，在征集旅行志愿者时坚持"随机征集、自愿参与、适当奖励"的基本原则，排除人为因素（如排除穿长袖、戴手表、手镯等对标记手环有干扰的游客）以及强迫性引导给研究结果带来的不利影响。

首先，调研人员分别在两天于上午 10 点起每间隔约 10 分钟在起始点飞泉沟征集 20 名志愿者（因年龄体力原因，接受志愿行为、能够完成登山计划的以中青年为主），令其佩戴彩色手环并登记基本信息（性别、年龄、职业、通行人数、出游目的、年出游次数等）；其次，在前期选定的 10 个风景亭廊（为了方便起见，在不影响整体研究效果的情况下，从 19 个亭廊中择优选择 10 个）中分别安置一名调研员，记录志愿者到达、离开其位置的时间并观察记录志愿者的行为；最后，在研究区间的末端由调研员对志愿者进行访谈，了解其对风景亭廊的使用状况、评价以及对旅行的满意度等反馈信息（图 5-22）。

（1）征集志愿者、发放手环，　　　（2）以手环为标记，记录　　　（3）回收手环并问卷访谈
　　　并登记信息　　　　　　　　　　志愿者时空间行为

图 5-22　志愿者行为观察调研过程

（资料来源：作者拍摄整理）

不同于前面亭廊停滞指标的探讨，本次是以亭廊为主要研究对象，志愿者时空研究部分是以志愿者的行为活动为主要研究对象，为了便于数据的处理，在不影响研究结果的前提下，在研究范围内选取了 10 个具有代表性的亭廊作为观察记录志愿者活动轨迹的节点（图 5-23、表 5-13）。

本研究共发放标记手环 40 个（每天各 20 个），排除在途中遗失、半途折返、体力不支、信息不全等情况 7 人，本研究最终征集的志愿者有效人数为 33 人（其中第一天 17 人，第二天 16 人），有效率为 82.5%，符合科学研究的要求。

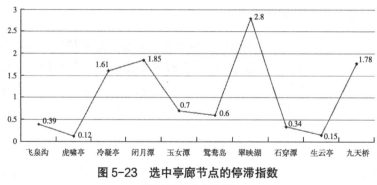

图5-23　选中亭廊节点的停滞指数

(资料来源：作者绘制)

入选观察亭廊的停滞指标（资料来源：作者绘制）　　　　表5-13

标号	名称	停滞容量/人	停滞率（S）	人均停滞时间(t) /min	停滞指数(St)
P1	飞泉沟	24	0.13	3.0	0.39
P5	虎啸亭	8	0.12	1.0	0.12
P7	冷凝亭	14	0.23	7.0	1.61
P10	闭月潭	24	0.37	5.0	1.85
P11	玉女潭	12	0.20	3.5	0.70
P12	鸳鸯岛	20	0.10	6.0	0.60
P14	翠映湖	40	0.43	6.5	2.80
P16	石穿潭	14	0.17	2.0	0.34
P17	生云亭	10	0.03	5.0	0.15
P19	九天桥	30	0.71	2.5	1.78

（1）志愿者基本信息统计

分析两天内有效志愿者情况，从志愿者的性别构成来看，男女比例为2：1，与全体游客的性别构成接近1：1相比，略有差距，主要原因是由于女性游客的警惕性比男性游客更高，而男性游客对于科研活动的关心与参与热情更高于女性游客；从年龄分布来看，以中青年为主，且21～30岁之间的青壮年比例超过50%，40岁以上的志愿者只占有15%的比重，也反映了年轻人对于新鲜事物与科研活动具有较高热情；从同行人数来看，以2～4人结伴同行居多，尤其是情侣同游占据了将近一半的比例，体现了年轻人积极健康的生活态度与爱情观；从所属职业来看，学生占有接近一半的比例，志愿者总体素质较好，也保证了调研活动的顺利开展以及配合程度。从出游目的来看，观赏风景、放松心情、强身健体、陪同亲友成为大家此次青城后山出行的最重要目的；从年出游次数来看，志愿者的业余生活绝大多数也都是旅行，将旅行作为重要的休闲和放松的方式（表5-14）。

志愿者基本状况统计（资料来源：作者绘制）　　　　表5-14

	第一天	第二天	合计
性别构成 □ 男性 ■ 女性	5, 12	6, 10	11, 22
年龄分布 □ 15~20岁 ■ 21~30岁 ■ 31~40岁 ■ 40岁以上	4, 4, 2, 7	1, 2, 2, 11	5, 6, 4, 18
同行人数 □ 1人 ■ 2人 ■ 3人 ■ 4人 ■ 5人 ■ 6人	1, 0, 0, 1, 5, 10	1, 1, 2, 4, 7	1, 2, 3, 9, 17
职业分布 □ 公 务 员 ■ 工 商 业 ■ 科教文卫 ■ 学 生 □ 自由职业	5, 1, 2, 0, 9	2, 1, 5, 6, 2	7, 2, 7, 15, 2
出游目的 □ 观赏风景 ■ 强身健体 ■ 宗教信仰 ■ 增进感情 □ 放松心情 ■ 陪同亲友	10, 13, 14, 4, 1, 8	10, 11, 9, 5, 1, 6	15, 24, 23, 9, 2, 14
年出游次数 □ 1次 ■ 2次 ■ 3次 ■ 4次 □ ≥5次	4, 2, 2, 3, 6	4, 1, 2, 1, 8	8, 3, 3, 3, 8, 11

165

（2）志愿者时空间轨迹

通过 10 位调研员两天内对于志愿者的停滞行为观察与记录，共获得 33 组完整有效的志愿者停滞数据（表 5-14）以及基于 10 个亭廊的时空间轨迹（图 5-24）。从表中可以看出，除去起始点飞泉沟与终点九天桥，志愿者在途中选定的 8 个亭廊中人均停滞 1.67 次，其中志愿者 12 号共发生停滞行为 5 次，成为志愿者中停滞次数最多者，而志愿者 4 号共停滞 4 次，位列第二。

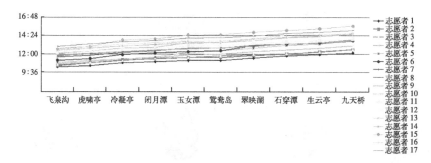

a. 第一天志愿者（1～17#）时空间轨迹汇总

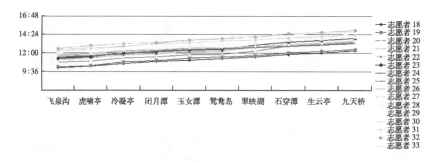

b. 第二天志愿者（18～33#）时空间轨迹汇总

图 5-24　基于亭廊的志愿者时空间轨迹

（资料来源：作者绘制）

通过统计计算，可以得到基于志愿者统计的沿途 8 个亭廊的停滞率 (S')、人均停滞时间 (t') 以及停滞指数 (St') 等描述亭廊停滞情况的指标（表 5-15）。为了验证志愿者观察的合理性以及代表性，我们将其与之前宏观统计的亭廊停滞指标进行对比，可以看出，对于停滞率 (S) 以及停滞指数 (St) 这两大指标，宏观统计得出的结果与志愿者统计结果虽然在数值上有所差别，但整体趋势呈现出高度相似，具有相同的制高点与最低点，从而两种手段得到的数据获得了相互验证，表明了本研究具有一定的科学性与可重复性（图 5-25）。

志愿者的亭廊停滞情况（资料来源：作者绘制）　　表5-15

志愿者号	起始点	虎啸亭	冷凝亭	闭月潭	玉女潭	鸳鸯岛	翠映湖	石穿潭	生云亭	终点	停滞次数
1							●5.9				1
2			●3.7			●5.0					2
3						●4.6					1
4		●3.5	●7.5	●5.5	●3.7						4
5					●6.2						1
6					●2.8	●12.9					2
7				●7.8		●13.5					2
8				●5.2	●1.3		●2.0				3
9			●4.0	●7.7			●6.2				3
10	起始点：飞泉沟						●5.2			终点：九天桥	1
11				●5.2							1
12				●8.7	●5.8		●9.8	●7.3	●3.0		5
13				●10.1					●6.7		2
14											0
15		●1.2		●4.7							2
16						●5.0	●11.0				2
17				●8.7			●7.2				2
18			●5.2		●4.7		●5.2				3
19					●4.3		●8.7				2
20				●6.7	●2.2		●19.2				3
21											0
22							●7.1				1
23						●2.7	●4.6				2
24							●0.6				1
25								●1.7			1
26							●4.3				1
27				●1.8							1
28				●1.3			●6.8				2

志愿者号	虎啸亭	冷凝亭	闭月潭	玉女潭	鸳鸯岛	翠映湖	石穿潭	生云亭	停滞次数
29			●2.5			●2.0			2
30	起始点：飞泉沟					终点：九天桥			0
31									0
32		●6.2	●5.3						2
33									0
S'值	0.06	0.15	0.42	0.24	0.18	0.48	0.06	0.06	均值1.67
t'值	2.35	6.32	5.51	3.00	6.28	6.61	4.50	4.85	
St'值	0.14	0.95	2.31	0.72	1.13	3.17	0.27	0.29	

注："●"表示"在此停滞"，其后数字代表停滞时间（单位：min）

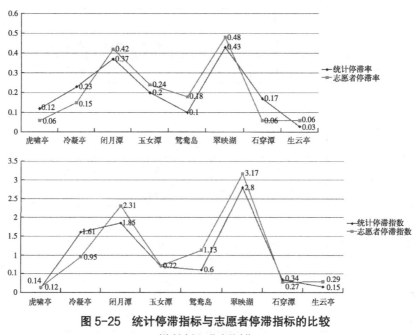

图 5-25　统计停滞指标与志愿者停滞指标的比较

（资料来源：作者绘制）

为了更好地对志愿者的时空间轨迹进行比较，忽略具体时间对于游客行为的影响，本研究将图 5-24 中的志愿者时空间轨迹进行归零校正，即将起始点飞泉沟作为时间的起始点，从而能够更加明晰地分辨出志愿者之间到达同一亭廊所需绝对时间的差异以及游憩全程所花费时间（图 5-26）。

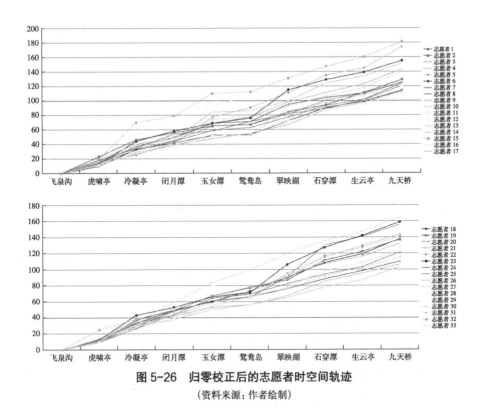

图5-26 归零校正后的志愿者时空间轨迹

（资料来源：作者绘制）

如图5-26所示，志愿者处于两个相邻亭廊之间时空间轨迹的纵坐标之差表示了其从第一个亭廊到达下一个亭廊所消耗的时间（min），而轨迹的斜率大小则体现了其相对运动速度，即相对斜率越大，相对消耗时间越长，相对速度越小，如此则可以观察出志愿者之间分区段的速度的大小以及消耗时间的长短。

从志愿者时空间观测数据中可以知道，志愿者27号全程消耗103分钟，成为全程耗时最少的一位，志愿者12号全程消耗190分钟，成为全程耗时最多的一位。通过计算均值，33位志愿者人均全程耗时为135.8分钟，同时，每个亭廊区段之间的耗时状况也可通过均值计算得出，那么这些均值所形成的折线轨迹可被视为一个标准化的游客时空间旅行轨迹，从而使游客时空间轨迹作为指导休憩亭廊规划设计的理论支持成为可能（图5-27）。

（3）志愿者游憩时间分配

通过统计计算，志愿者在每个亭廊区段之间所消耗的时间可以被准确表达，并能够形成完整的行程时间分配情况（图5-28）。通过与均值的比较，则可以得到每个志愿者在各区段内的相对疲劳程度与体能的恢复状况。

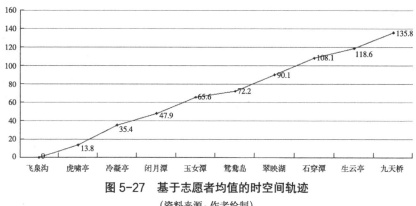

图 5-27　基于志愿者均值的时空间轨迹

（资料来源：作者绘制）

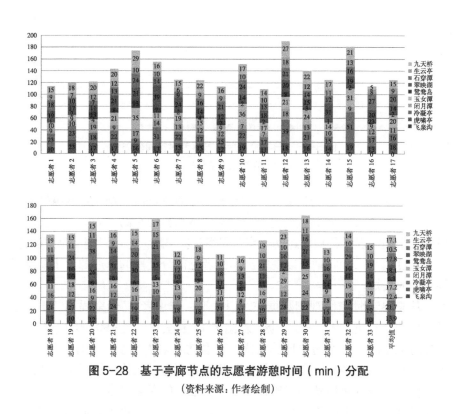

图 5-28　基于亭廊节点的志愿者游憩时间（min）分配

（资料来源：作者绘制）

5.3.3.3　志愿者问卷反馈

行为观察与记录是保障科研工作客观、科学的基础，但是却容易忽略被调查对象的主观感知情况，作为志愿者时空间行为观察的有力补充，本研究在区域内的终点九天桥对志愿者进行问卷反馈，了解其对整个旅行过程的满意度以及对亭廊的满意度、疲劳感等情况。

问卷的设计采用语义差异法五点量表，对青城后山游憩的整体满意度（很不满意—不满意—一般—满意—很满意）、休憩亭廊的整体满意度（很不满意—不满意—一般—满意—很满意）以及休憩亭廊的分布密度（太少—少了—合适—多了—太多）进行反馈，同时对厕所的密度（不够用—够用）、疲劳感（很累—有点累—不累）进行主观评价，形成与前期起始点飞泉沟进行的志愿者基本信息登记调查（表5-13）前后对应、互为补充的有效信息（表5-16）。

志愿者问卷反馈统计（资料来源：作者绘制）　　　　　　　表5-16

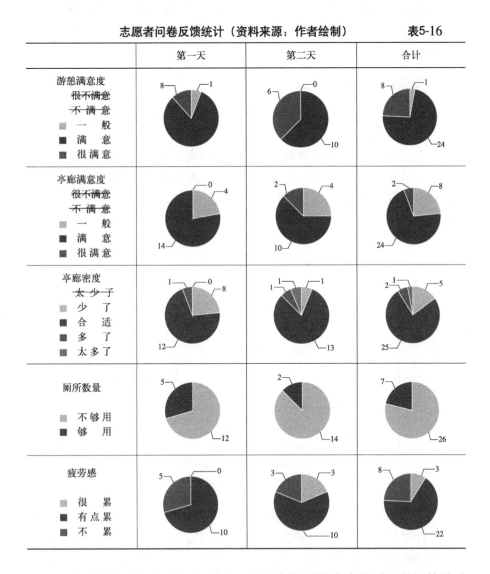

从表中的数字与比例可以看出，志愿者们对整个青城后山景区的游憩满意度是较高的，没有人觉得"不满意"或"很不满意"，绝大多数是持

"满意"态度；对于休憩亭廊的满意度，大多数志愿者持"满意"态度，与游憩满意度相比，有较多人选择"一般"，说明了休憩亭廊的规划设计还具有提升的可能；对于亭廊的密度，大部分志愿者觉得"合适"，有小部分认为"少了"；对于厕所的数量，由于全区域内仅仅设有一个公厕，所以绝大多数志愿者认为"不够用"，厕所的数量有待增加；对于疲劳感，大部分志愿者感觉"有点累"，感觉"不累"的志愿者只占接近四分之一的比例，说明休憩亭廊的设置还有待进一步提升与优化。

至此，本研究完成了整个青城后山调研的描述性统计分析步骤，为接下来的数据比较以及相关性分析、回归分析等量化分析提供了数据基础与研究思路。

5.3.4 数据比较与分析

游客与旅游时空间环境主客观两方面是决定旅游行为组成的两大要素，游客的游憩行为既是风景区物质环境规划设计的基础，也是旅游规划设计的结果。对于影响游客停滞行为的休憩亭廊而言，其规划设计是否合理，直接影响到游客的旅游体验（图 5-29），即亭廊的停滞指标是游客时空间行为与休憩亭廊相互作用的结果，也是将来进行亭廊规划设计的基础。

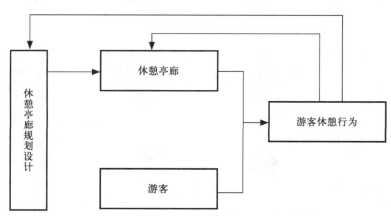

图 5-29　游客游憩行为与休憩亭廊规划设计的关系

（资料来源：作者绘制）

通过前期对亭廊基础数据的收集、停滞指标的统计计算、游客基本信息的统计以及游客时空间轨迹的初步探讨，可以做出以下关联性研究假设：亭廊的停滞指标（S、t、St）与亭廊的基本状况（交通形式、海拔高度差、容纳人数等）有关，游客的时空间行为轨迹与游客自身的基本状况（性别、年龄、通行人数等）有关，同时与亭廊的基本状况也有联系（图 5-30）。

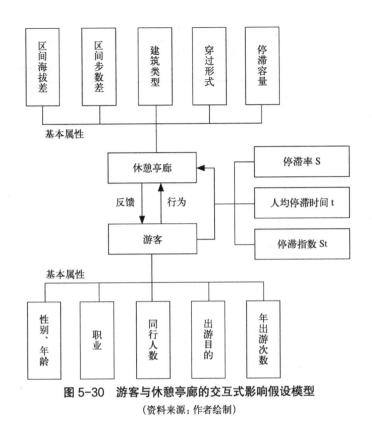

图 5-30　游客与休憩亭廊的交互式影响假设模型

（资料来源：作者绘制）

5.3.4.1　关于亭廊的停滞指标

如图 5-30 所示，休憩亭廊的三大停滞指标（S、t、St）是游客与亭廊共同作用、相互耦合的结果，从理论上来说，三大停滞指标是休憩亭廊的自身属性，具有一定的必然性和稳定性，其数值大小不受游客数量、游客属性等客观要素的影响，而是由亭廊的基本属性所决定的。

如前文所述，亭廊的基本属性主要有建筑类型、交通类型（穿过形式）、停滞容量（C）、区间海拔差（H）、区间计步差（W）这五项组成，而亭廊的停滞指标由停滞率（S）、人均停滞时间（t）、停滞指数（St）这三项构成（表 5-17）。

亭廊的基本属性与停滞指标（资料来源：作者绘制）　　　表5-17

	建筑类型	交通类型	停滞容量/人	海拔差/m	计步差/步	停滞率	人均停滞时间/min	停滞指数
飞泉沟	廊	穿过式	24	0	0	0.13	3.0	0.39
仿卷阁	廊	毗邻式	20	3	553	0.05	1.0	0.05

	建筑类型	交通类型	停滞容量/人	海拔差/m	计步差/步	停滞率	人均停滞时间/min	停滞指数
叠嶂亭	亭	毗邻式	10	23	83	0.03	1.5	0.05
慰心亭	廊	毗邻式	16	1	212	0.07	2.5	0.18
虎啸亭	亭	毗邻式	8	24	216	0.12	1.0	0.12
清风亭	亭	穿过式	10	95	953	0.52	6.0	3.12
冷凝亭	亭	毗邻式	14	28	222	0.23	7.0	1.61
厕所	厕所	毗邻式	6	−18	63	0.2	2.0	0.40
远古飞泉	亭	穿过式	8	15	65	0.15	3.5	0.53
闭月潭	亭	毗邻式	24	41	450	0.37	5.0	1.85
玉女潭	亭	毗邻式	12	63	761	0.2	3.5	0.70
鸳鸯岛	亭	外岛式	20	19	247	0.1	6.0	0.60
百丈桥	亭	穿过式	16	−35	249	0.02	3.0	0.06
翠映湖	廊	穿过式	40	65	819	0.43	6.5	2.80
石壑亭	亭	毗邻式	12	−5	166	0.17	6.0	1.02
石穿潭	亭	毗邻式	14	−25	251	0.17	2.0	0.34
生云亭	亭	穿过式	10	88	916	0.03	5.0	0.15
双泉水帘	亭	毗邻式	16	57	867	0.33	5.5	1.82
九天桥	廊	穿过式	30	7	267	0.71	2.5	1.78

　　利用 SPSS 对以上这 8 项指标进行双变量相关性分析（表 5-18），可以得出以下结论：（1）亭廊的三大停滞指标与亭廊的建筑类型、交通形式之间不存在明显的相关关系，即游客进行停滞时不会考虑建筑类型为亭或廊和是否为穿过式或毗邻式；（2）亭廊的停滞容量与停滞率、停滞指数在 0.05 水平上显著相关，但与人均停滞时间却不存在明显相关，反映了游客选择是否停滞与亭廊的能容纳游客数量大小有关，但停留时间的长短则与之无关；（3）亭廊的区间海拔差与人均停滞时间、停滞指数在 0.05 水平上显著相关，但与停滞率却不存在明显相关，反映了游客停滞的时间长短与其经历的海拔高差有关；（4）亭廊的区间计步差与停滞指数在 0.01 水平上显著相关，反映了步行登山导致的疲惫感是对亭廊停滞综合指标影响最大的因素之一。

亭廊的基本属性与停滞指标的相关性分析（资料来源：作者绘制）　表5-18

		建筑类型	交通类型	停滞容量	海拔差	计步差	停滞率	人均停滞时间	停滞指数
建筑类型	Pearson相关性	1	−.126	.303	−.316	−.213	.154	−.340	−.046
	显著性（双侧）		.607	.207	.188	.381	.530	.155	.852
	N	19	19	19	19	19	19	19	19
交通类型	Pearson相关性	-.126	1	−.225	−.196	−.208	−.319	−.029	−.267
	显著性（双侧）	.607		.354	.422	.393	.184	.905	.269
	N	19	19	19	19	19	19	19	19
停滞容量	Pearson相关性	.303	−.225	1	.058	.176	.482*	.242	.458*
	显著性（双侧）	.207	.354		.813	.472	.036	.319	.049
	N	19	19	19	19	19	19	19	19
海拔差	Pearson相关性	−.316	−.196	.058	1	.820**	.344	.532*	.572*
	显著性（双侧）	.188	.422	.813		.000	.149	.019	.010
	N	19	19	19	19	19	19	19	19
计步差	Pearson相关性	−.213	−.208	.176	.820**	1	.332	.435	.534*
	显著性（双侧）	.381	.393	.472	.000		.165	.063	.019
	N	19	19	19	19	19	19	19	19
停滞率	Pearson相关性	.154	−.319	.482*	.344	.332	1	.329	.847**
	显著性（双侧）	.530	.184	.036	.149	.165		.168	.000
	N	19	19	19	19	19	19	19	19
人均停滞时间	Pearson相关性	−.340	−.029	.242	.532*	.435	.329	1	.681**
	显著性（双侧）	.155	.905	.319	.019	.063	.168		.001
	N	19	19	19	19	19	19	19	19
停滞指数	Pearson相关性	−.046	−.267	.458*	.572*	.534*	.847**	.681**	1
	显著性（双侧）	.852	.269	.049	.010	.019	.000	.001	
	N	19	19	19	19	19	19	19	19

*. 在 0.05 水平（双侧）上显著相关。

**. 在 .01 水平（双侧）上显著相关。

从前文可以得出，与停滞率 S、人均停滞时间 t 相比，停滞指数 St 是较为综合，能够全面反映亭廊使用情况的停滞指标，且与亭廊停滞容量 C、区间海拔差 H、区间计步差 W 等亭廊自身要素在 0.05 水平上呈显著相关关系。

回归分析（Regression Analysis）是确定两种或两种以上变数间相互依赖程度的定量关系的一种统计分析方法。根据所涉及自变量的多少，可将回归分析分为一元回归分析和多元回归分析；按照自变量和因变量之间的关系类型，可分为线性回归分析和非线性回归分析 [1]。本文中所涉及的变量超过 2 个，因此采用多元回归分析方法。由于变量区间海拔差与区间计步差之间存在显著相关关系，变量之间不具有较好的独立性，所以，在进行回归分析时，要加以注意。

采用 SPSS 软件对因变量（停滞指数 St）与 3 个自变量（停滞容量 C、区间海拔差 H、区间计步差 W）进行多元线性回归分析，对自变量的引入采用 Stepwise（逐步引入剔除法），形成数学表达式。采用逐步引入剔除法进行的分图指标间线性回归分析参数如下：

停滞指数的回归分析参数（资料来源：作者绘制）　　　　表5-19

模型		非标准化系数		标准系数	t	Sig.
		B	标准 误差	试用版		
1	（常量）	.574	.222		2.585	.019
	海拔差H	.015	.005	.572	2.876	.010
2	（常量）	−.192	.371		−.517	.612
	海拔差H	.014	.005	.547	3.116	.007
	停滞容量C	.048	.020	.426	2.424	.028

a. 因变量: 停滞指数St

从上表可以看出，自变量计步差 W 在进行逐步回归的过程中被排除，与前文所提到的独立性不好相吻合。基于上述数据，可以得出基于两个模型的停滞指数 St 的函数表达式：

$$St=0.015H+0.574 \qquad (模型1)$$

$$St=0.048C+0.014H-0.192 \qquad (模型2)$$

为了检验回归分析的结果，利用 SPSS 绘制回归标准化残差的正态概

1　时立文 . SPSS 19.0 统计分析——从入门到精通 [M]. 北京 : 清华大学出版社，2012: 175.

率图（Normal probability plot，P-P 图）以及散点图（图 5-31），从图中可以看到，标准化残差呈正态分布，散点在直线上或下靠近直线，且变量与变量之间也大致呈直线趋势，因此推断，回归方程满足线性以及方差齐次的检验。

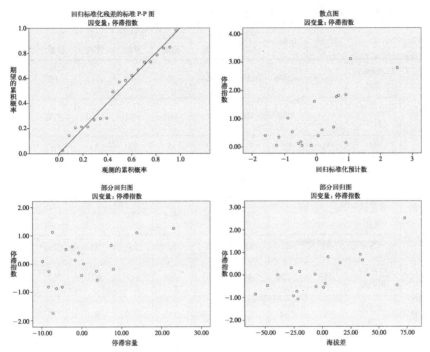

图 5-31　停滞指数的回归分析标准 P-P 图（左上）与散点图

（资料来源：作者绘制）

上述结果表明，海拔差 H 与停滞容量 C 可以成为预测、计算停滞指数 St 的两个变量，但其对后者影响的权重有所差异，影响程度较大的变量是停滞容量 C，但当不确定停滞容量 C 时，也可以通过海拔差 H 来预测亭廊的停滞指数 St。

5.3.4.2　关于游客的停滞行为

如前文所述，旅行志愿者的基本属性与亭廊的基本属性通过游客的游憩、停滞行为等形成了影响亭廊停滞指标的因素。利用 SPSS 软件，通过双变量相关分析（表 5-20），可以得出以下结论：（1）游客的性别与对亭廊的满意度在 0.05 水平上显著相关，揭示了与男性游客相比，女性游客对于亭廊的依赖性更加强烈；（2）游客的游憩满意度与亭廊的感知密度在 0.05 水平上显著相关，说明了亭廊数量的多少对于整个游憩活动具有重要的影响，同时，亭廊的满意度与感知密度呈正相关；（3）厕所的感知数量与游客的疲劳感在 0.05 水平上呈显著的负相关，即可推测认为厕所够用的游客身体素质较好，认为厕所不够用的游客更容易疲惫；（4）游客的年旅行次数与年龄在 0.05 水平上呈显著负相关，即年轻人较中老年人出游频率更高。

游客的基本属性与问卷反馈的相关分析（资料来源：作者绘制）　　表5-20

		性别	年龄	同行人数	年旅行次数	游憩满意度	亭廊满意度	亭廊密度	厕所数量	疲劳感
性别	Pearson 相关性	1	−.096	.119	.144	−.045	.399*	.179	−.052	.225
	显著性（双侧）		.594	.510	.425	.804	.021	.320	.772	.207
	N	33	33	33	33	33	33	33	33	33
年龄	Pearson 相关性	−.096	1	−.050	−.417*	-.097	.060	−.103	.092	−.168
	显著性（双侧）	.594		.784	.016	.591	.739	.570	.612	.350
	N	33	33	33	33	33	33	33	33	33
同行人数	Pearson 相关性	.119	−.050	1	.263	.171	.161	.021	.062	.107
	显著性（双侧）	.510	.784		.139	.342	.370	.907	.730	.552
	N	33	33	33	33	33	33	33	33	33
年旅行次数	Pearson 相关性	.144	−.417*	.263	1	.156	.164	.124	−.066	.071
	显著性（双侧）	.425	.016	.139		.385	.362	.491	.714	.693
	N	33	33	33	33	33	33	33	33	33
游憩满意度	Pearson 相关性	−.045	−.097	.171	.156	1	.294	.362*	−.075	.071
	显著性（双侧）	.804	.591	.342	.385		.097	.038	.677	.695
	N	33	33	33	33	33	33	33	33	33
亭廊满意度	Pearson 相关性	.399*	.060	.161	.164	.294	1	.430*	.067	.036
	显著性（双侧）	.021	.739	.370	.362	.097		.012	.711	.842
	N	33	33	33	33	33	33	33	33	33

		性别	年龄	同行人数	年旅行次数	游憩满意度	亭廊满意度	亭廊密度	厕所数量	疲劳感
亭廊密度	Pearson 相关性	.179	−.103	.021	.124	.362*	.430*	1	.052	.072
	显著性（双侧）	.320	.570	.907	.491	.038	.012		.772	.689
	N	33	33	33	33	33	33	33	33	33
厕所数量	Pearson 相关性	−.052	.092	.062	−.066	−.075	.067	.052	1	−.437*
	显著性（双侧）	.772	.612	.730	.714	.677	.711	.772		.011
	N	33	33	33	33	33	33	33	33	33
疲劳感	Pearson 相关性	.225	−.168	.107	.071	.071	.036	.072	−.437*	1
	显著性（双侧）	.207	.350	.552	.693	.695	.842	.689	.011	
	N	33	33	33	33	33	33	33	33	33

*. 在 0.05 水平（双侧）上显著相关。

对游客的基本属性与总停滞次数、总停滞时间以及全程耗时 3 个变量进行双变量相关分析（表 5-21），可以得到以下结论：（1）总停滞时间与性别在 0.05 水平上呈显著相关，即女性游客在亭廊中休憩的时间比男性游客更长；（2）全程耗时与性别在 0.05 水平上也呈显著相关，即完成全程登山活动，女性游客要比男性游客花费更多的时间。

游客的基本属性与停滞指标与总耗时的相关分析（资料来源：作者绘制） 表5-21

		性别	年龄	同行人数	年旅行次数	总停滞次数	总停滞时间	全程耗时
性别	Pearson 相关性	1	−.096	.119	.144	.262	.373*	.429*
	显著性（双侧）		.594	.510	.425	.141	.032	.013
	N	33	33	33	33	33	33	33
年龄	Pearson 相关性	−.096	1	−.050	−.417*	.043	.072	−.084
	显著性（双侧）	.594		.784	.016	.814	.692	.641
	N	33	33	33	33	33	33	33
同行人数	Pearson 相关性	.119	−.050	1	.263	.171	.130	.138
	显著性（双侧）	.510	.784		.139	.341	.471	.445
	N	33	33	33	33	33	33	33

		性别	年龄	同行人数	年旅行次数	总停滞次数	总停滞时间	全程耗时
年旅行次数	Pearson 相关性	.144	−.417*	.263	1	.118	.114	−.087
	显著性（双侧）	.425	.016	.139		.512	.526	.632
	N	33	33	33	33	33	33	33
总停滞次数	Pearson 相关性	.262	.043	.171	.118	1	.865**	.364*
	显著性（双侧）	.141	.814	.341	.512		.000	.037
	N	33	33	33	33	33	33	33
总停滞时间	Pearson 相关性	.373*	.072	.130	.114	.865**	1	.369*
	显著性（双侧）	.032	.692	.471	.526	.000		.035
	N	33	33	33	33	33	33	33
全程耗时	Pearson 相关性	.429*	−.084	.138	−.087	.364*	.369*	1
	显著性（双侧）	.013	.641	.445	.632	.037	.035	
	N	33	33	33	33	33	33	33

*. 在 0.05 水平（双侧）上显著相关。
**. 在 .01 水平（双侧）上显著相关。

游客时空间行为轨迹中分区段的耗时情况体现的是游客的登山前进速度以及身体疲劳程度，将游客的基本属性与分区段的耗时进行相关性分析（表 5-22），可以看到：（1）冷凝亭—闭月潭、玉女潭—鸳鸯岛、翠映湖—石穿潭这三个区段的耗时情况与游客性别呈显著相关，显示出与男性游客相比，女性游客在登山途中体力呈现出节奏性下降；（2）在起步阶段飞泉沟—虎啸亭，其耗时情况与年旅行次数呈显著负相关，说明了经常出门旅行的游客起步阶段的体力状况优于不经常出门旅行的游客；（3）生云亭—九天桥与石穿潭—生云亭、闭月潭—玉女潭，石穿潭—生云亭与虎啸亭—冷凝亭，冷凝亭—闭月潭与玉女潭—鸳鸯岛区段耗时情况分别呈显著相关，本研究推测，这种情况的出现是由于翠映湖作为整个区域内最大的交通转运与休憩节点，经过该节点的休息与调整后，大部分游客体力得到了大幅度的恢复，但是由于个人体质的差异，才会出现前后显著相关的规律性波动（图 5-32），该结论与前文中的停滞指标的波动相互验证。

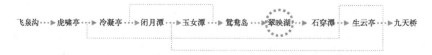

图 5-32　前后分区段耗时的相关关系示意（资料来源：作者绘制）

游客的基本属性与分区段耗时的相关分析（资料来源：作者绘制）

表5-22

		性别	年龄	同行人数	年旅行次数	飞to虎	虎to冷	冷to闭	闭to玉	玉to鸳	鸳to翠	翠to石	石to生	生to九
性别	Pearson 相关性	1	-.096	.119	.144	.195	-.014	.387*	.057	.618**	-.016	.380*	.233	.271
	显著性（双侧）		.594	.510	.425	.277	.939	.026	.752	.000	.928	.029	.191	.127
年龄	Pearson 相关性	-.096	1	-.050	-.417*	.013	-.169	.285	-.080	.036	-.159	-.164	.267	.136
	显著性（双侧）	.594		.784	.016	.943	.346	.108	.657	.844	.377	.362	.134	.451
同行人数	Pearson 相关性	.119	-.050	1	.263	-.077	.016	.206	.086	.300	-.239	.153	.052	.203
	显著性（双侧）	.510	.784		.139	.671	.931	.251	.636	.090	.181	.396	.774	.256
年旅行次数	Pearson 相关性	.144	-.417*	.263	1	-.398*	-.084	.178	-.210	.210	.057	.078	-.175	-.084
	显著性（双侧）	.425	.016	.139		.022	.643	.321	.242	.240	.754	.668	.329	.641
飞to虎	Pearson 相关性	.195	.013	-.077	-.398*	1	.110	-.056	.266	-.046	.031	.046	.086	.273
	显著性（双侧）	.277	.943	.671	.022		.541	.758	.134	.798	.864	.798	.636	.124
虎to冷	Pearson 相关性	-.014	-.169	.016	-.084	.110	1	-.083	.224	-.221	.269	-.062	.492**	.249
	显著性（双侧）	.939	.346	.931	.643	.541		.644	.210	.217	.130	.732	.004	.162
冷to闭	Pearson 相关性	.387*	.285	.206	.178	-.056	-.083	1	-.047	.582**	-.082	-.236	.157	.241
	显著性（双侧）	.026	.108	.251	.321	.758	.644		.795	.000	.650	.185	.383	.176

181

		性别	年龄	同行人数	年旅行次数	飞to虎	虎to冷	冷to闭	闭to玉	玉to鸳	鸳to翠	翠to石	石to生	生to儿
闭to玉	Pearson 相关性	.057	-.080	.086	-.210	.266	.224	-.047	1	-.070	-.005	.201	.167	.521**
	显著性（双侧）	.752	.657	.636	.242	.134	.210	.795		.699	.977	.262	.354	.002
玉to鸳	Pearson 相关性	.618**	.036	.300	.210	-.046	-.221	.582**	-.070	1	-.196	.147	.221	.209
	显著性（双侧）	.000	.844	.090	.240	.798	.217	.000	.699		.274	.414	.216	.243
鸳to翠	Pearson 相关性	-.016	-.159	-.239	.057	.031	.269	-.082	-.005	-.196	1	.020	.241	.023
	显著性（双侧）	.928	.377	.181	.754	.864	.130	.650	.977	.274		.910	.177	.897
翠to石	Pearson 相关性	.380*	-.164	.153	.078	.046	-.062	-.236	.201	.147	.020	1	.170	-.140
	显著性（双侧）	.029	.362	.396	.668	.798	.732	.185	.262	.414	.910		.344	.436
石to生	Pearson 相关性	.233	.267	.052	-.175	.086	.492**	.157	.167	.221	.241	.170	1	.414*
	显著性（双侧）	.191	.134	.774	.329	.636	.004	.383	.354	.216	.177	.344		.017
生to儿	Pearson 相关性	.271	.136	.203	-.084	.273	.249	.241	.521**	.209	.023	-.140	.414*	1
	显著性（双侧）	.127	.451	.256	.641	.124	.162	.176	.002	.243	.897	.436	.017	

*. 在 0.05 水平（双侧）上显著相关。
**. 在 .01 水平（双侧）上显著相关。

5.3.5　思考与探讨

本节以时间地理学理论、时空间行为研究为主要研究方法，以青城后山景区为实证研究基地，对其中的休憩亭廊建筑与游客时空行为作为研究对象，在风景旅游建筑的规划分析上进行了探索与创新，经过描述性分析、探索性分析以及解释性分析，本研究形成的主要结论有：

（1）以休憩亭廊的基本信息、游客的基本信息、时空间行为轨迹的观测、问卷访谈等方式对休憩亭廊的规划设计进行反馈是可行的；

（2）在定性分析的基础上，停滞率（S）、人均停滞时间（t）、停滞指数（St）等三大停滞指标可以作为休憩亭廊规划布点、设置必要性有参考意义的定量指标；

（3）亭廊的停滞容量（C）与停滞率（S）、停滞指数（St）呈显著相关关系，但与人均停滞时间（t）却不存在明显相关，反映了游客选择是否停滞与亭廊的容纳游客数量大小有关，但停留时间的长短则与之无关，对以后的亭廊布点规划具有一定的参考价值；

（4）休憩亭廊的区间海拔差（H）与人均停滞时间（t）、停滞指数（St）呈显著相关关系，但与停滞率（S）却不存在明显相关，反映了游客停滞的时间长短与其经历的海拔高差有关，所以海拔差（H）应成为山岳型景区休憩亭廊设置的重要参考数据；

（5）休憩亭廊的区间计步差（W）与停滞指数（St）呈显著相关关系，反映了步行登山导致的疲惫感是对亭廊停滞综合指标影响最大的因素之一，亭廊的布点规划还应将步行步数作为参考依据；

（6）由于生理差别，与男性游客相比，女性游客对休憩亭廊的依赖性更强，而对于休憩亭廊的满意度则与整个游憩的满意度呈现显著相关关系，同时休憩亭廊的感知密度直接关系到亭廊的满意度，休憩亭廊的布点规划应充分考虑女性游客的生理特征与需求；

（7）游客在休憩亭廊区间耗时具有规律性波动，而在景区核心位置设置大型的休憩亭廊空间有利于游客的体能迅速恢复，从而降低疲劳感，提升游憩满意度。

研究方法的创新是科学研究的重要方面，本研究在时空间行为研究方法的基础上，创新性地发明了以手环观察法来对旅行志愿者进行标识观测，从而替代当下时空间研究领域的 GPS 定位记录方法，同时辅助以传统的信息登录、问卷访谈的方法对信息进行有力补充。

任何研究方法都不是完美的，而是各有利弊。问卷访谈是进行大众、游客时空轨迹日常行为、回忆式旅行日志的重要方法，但是其天生不足的主观性使得其数据的科学性、可靠性大打折扣[1,2]。利用 GPS 对旅行志愿者进行时空轨迹的跟踪定位有力地规避了问卷访谈的主观性因素，但是，由于机器自身功能的局限，GPS 跟踪的方法很难较为全面地了解旅行者的运动方式与行为特征。本研究中的手环观察法，有效地降低了问卷访谈法的主观性问题，同时也增强了游客行为观察的维度，能够真实记录游客的行为方式与时间节点。但是，手环观察法也存在对于调研人员数量与素质要求较高的缺陷，在整个调研过程中需要将较多的调研人员分配在不同的风景旅游建筑节点上，同时，调研人员的一时疏忽也可能错过对于旅游志愿者的观察记录。

三种不同数据收集方式的比较（资料来源：作者绘制）　　　表5-23

	手持GPS	问卷反馈	手环观察
具体措施	记录游客的时空间轨迹	获得游客的旅行感受与经验	记录游客达到、离开时间，同时观察记录游客行为
优点	精确记录、图形化数据	成本较低、得出游客主观感受	多元化数据、主客观同步
缺点	成本较高、效率较低，无法观察游客行为	结论不够客观、主观因素过多	需要较多调研人员，对调研质量要求较高

1　黄潇婷.基于 GPS 与日志调查的旅游者时空行为数据质量对比 [J].旅游学刊 .2014（3）：100-105.
2　柴彦威，等.基于时空间行为研究的智慧出行应用 [J].城市规划，2014（4）：83-89.

第 6 章　风景旅游建筑规划设计方法

前文通过对国内外政策与研究的梳理，初步探讨了风景旅游建筑的基础理论体系，同时系统地构建了风景旅游建筑与场地、风景旅游建筑与人的耦合系统，并通过层次分析、心理物理学、时空行为学等方法创新性地对风景旅游建筑的规划设计分析进行了量化、科学化的探讨。本章将结合前文研究内容和设计实践，从规划设计原则、集成化规划、适应性设计以及设计导则示范四个方面建立风景旅游建筑规划设计方法体系，以期对今后的风景旅游建筑规划设计有所启迪。

6.1　风景旅游建筑规划设计原则

6.1.1　与风景区总体规划相衔接

风景旅游建筑在传统的风景区规划体系中被纳入游览设施规划之中，并以宏观布点规划、政策引导为主要内容，由于游览设施的范围较广，不仅只包含建筑类设施，还较少有具体能够指导建筑规划设计的手法与导则。本研究认为，风景旅游建筑的规划与设计应与风景区总体规划相衔接，并成为独立的专项规划。

风景旅游建筑的专项规划设计，应积极与风景区总体规划相协调，如发现总体规划之中有不合理之处，应积极对其进行反馈与变更。风景旅游建筑的规划设计应向城市设计学习，成为衔接总体规划与把控风景区整体形态的重要手段，并使其成为具有法律效应的规划设计层次。

6.1.2　遵循分级分区的选址准入

对风景区进行保护分区是国内外进行自然资源保护与开展旅游活动协调的重要做法，但是也未对风景旅游建筑的具体规划设计操作有较强的指导意义 [1]。结合"游憩机会序列"将风景区的游憩区域进行自然度分级并提出风景旅游建筑的分级分区准入制度是有效提高风景旅游建筑规划设计水平的重要举措（表 6-1）[2]。

1　魏民，陈战是 . 风景名胜区规划原理 [M]. 北京：中国建筑工业出版社，2008: 98-99.

2　台湾景观学会 . 国家公园设施规划设计准则与案例汇编 [R]. 台北：台湾"内政部"营建署，2003: I-13-V-1-2.

表6-1

风景旅游建筑的分区准入（资料来源：作者绘制）

	风景旅游建筑类型	原始区域	半原始区域	一般自然区	低密度开发区	一般开发区
管理服务类	管理中心（站）	×	×	✓	✓	✓
	游客中心	×	×	×	✓	✓
	警察队办公处	×	×	✓	✓	✓
公共服务类	游船码头	×	×	✓	✓	✓
	邮局	×	×	✓	✓	✓
	公共厕所	×	×	✓	✓	✓
住宿类	民宿、旅馆	×	×	✓	✓	✓
	员工宿舍	×	✓	✓	✓	✓
景观休憩类	观景亭廊	×	×	✓	✓	✓
	温泉设施	×	×	✓	✓	✓
急难救助类	避难小屋	✓	✓	✓	×	×

（×表示不可设置，✓表示允许设置）

进行分区准入的检验以后，对不同分级分区内的风景旅游建筑的设计原则也提出相应的要求，如在原始区域，应以隐匿于环境或模仿自然形态为宜，而在一般区域则相对较为宽松（表 6-2）[1]。

表6-2

风景旅游建筑的自然度分级设计原则（资料来源：作者绘制）

自然度分级	分区特征与要求	对应的土地分区	风景旅游建筑设计原则
原始区域	每月游客进入人次＜1000的区域，自然环境未经破坏，结构物极为稀少	生态保护区 特别景观区	最低限度地破坏环境，以隐匿于环境或模仿自然形态为宜
半原始区域	每月游客进入人次1000~5000的区域，步道和原始道路不可行驶车辆或仅供急救车辆使用，结构物稀少	特别景观区 史迹保存区	隐匿于自然环境，以不易被发觉为基本原则
一般自然区	每月游客进入人次5000~30000的区域，以自然景观为环境主体，容许人工结构物出现	史迹保存区 游憩区	依据区域环境的自然或人文环境决定基本形态，或结合场地，或结合人文
低密度开发区	容许低密度人为改变，但总面积不得超过全区域的30%	游憩区	风景旅游建筑与人工铺地面积总和不超过区域总面积的10%
一般开发区	容许较多的人为改变，但总面积不得超过全区的50%	游憩区 一般管制区	风景旅游建筑与人工铺地面积总和不超过区域总面积的20%

---

1 聂玮，康川豫，董靓.台湾地区国家公园建筑设计理念 [J].工业建筑，2014（7）：60-63.

6.1.3 树立场地与人的主体意识

场地环境与人类的需求是建筑设计永恒的创作来源，风景旅游建筑在规划与设计过程中也应充分树立场地意识与人的需求意识，在进行风景旅游建筑设计之前对选址场地的自然与文化环境进行充分了解与研究，同时充分考虑所在风景旅游区域内的游憩行为特征与需求，真正做到风景旅游建筑是从场地而生，为游憩而建。

6.2 风景旅游建筑的集成化规划设计流程

根据前文的研究与分析，风景旅游建筑的集成化规划设计流程主要可以包括以下六个阶段：资料搜集与调查、问题与基地分析、确定规划目标、拟定实质规划、建筑方案设计以及施工建造与维护管理（图6-1）。

6.2.1 资料搜集与调查

6.2.1.1 确定规划范围与用地性质

在对风景旅游建筑规划设计进行实质性操作之前，需要对所涉及的区域范围进行确定，并知晓其所在风景区的总体规划或区域内的总体规划、控制性详细规划等上位规划，了解其自然度分级与保护分区的基本情况，若缺乏这一块的基础资料，则应在充分调研的基础上对其进行补充，从而更好地确立规划设计地区的属性与规划设计的总体方向。

值得一提的是，规划范围包括基地范围与工作范围，基地范围指基地面积及所在位置、地点，而工作范围则指因规划需求所需要研究的范围，应大于基地范围，常指一个完整的行政区域或地理区域[1]。

6.2.1.2 基地环境的调查

通过资料的收集、实地踏勘以及访谈等形式获得与基地环境相关的基础资

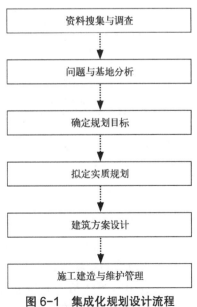

图6-1 集成化规划设计流程

（资料来源：作者绘制）

---

1 台湾景观学会.国家公园设施规划设计准则与案例汇编[R].台北：台湾"内政部"营建署，2003：IV-9.

料（表6-3）。在调查阶段，可以先做概略性的基础资料调查，并了解各调查要素之间的关联性，再针对区域内有影响力的因子进行详尽的调查，使规划设计工作能够在实现了解基地整体状况和特征的前提下进行，从而能够做出最适合基地的风景旅游建筑规划与设计。

基地资料调查项目（资料来源：作者整理） 表6-3

	调查内容	
	调查要素	分项说明
自然环境要素	地形地貌、土壤	坡度、坡向、高差、地质情况
	水文水体	地表水、地下水、水源、水体区域
	气候特征	平均温度、最高最低温度、降雨量、季节风、霜雪量
	动植物状况	种类、分布、栖息地、特有物种、迁徙路径
	环境敏感性	生态、防洪、文化与景观敏感区域
	潜在灾害性	泥石流、飓风、塌方、地陷
人文环境要素	场地分区分级	场地所在区域的自然度分级与保护分区
	人口与社会因素	聚居范围、产业结构、人口数量
	交通道路流线	外部交通状况、内部交通与步行道路关系
	人文艺术状况	历史文化遗产、古迹遗迹、民俗特色
视知觉要素	环境色彩特征	惯用造型、色彩与质感
	基地风格意向	景点、道路以及开放空间的组合分析
	空间类型	全景、主题、覆盖、焦点、封闭
相关规划法规	上位规划	风景区总体规划、景区控制性详细规划
	相关规划	交通专项规划、防灾规划
	法律法规	风景名胜区规划条例、旅游规划导则

　　调查阶段应充分认识基地环境的特性，了解环境内涵，尤其是对基地内的环境景观进行调查分析，针对空间环境进行分析，并根据这些来拟定风景旅游建筑的景观建议。

　　在贵州省西江苗寨旅游服务区的文化创意平台项目中的规划设计前期，项目组对基地所在的雷山县西江镇以及周边的自然文化状况进行了充分调查，并根据已有地形图进行了地形的3D建模，以推敲地形情况便于后期的基地分析与问题的提出（图6-2）。

图 6-2　西江苗寨旅游服务区基地与现状调查

(资料来源：作者绘制)

6.2.2　问题与基地分析

6.2.2.1　问题探讨与潜力分析

　　规划前期的需求可以从问题的探讨过程中得到答案，并为后续工作建立概略性的目标作为参考。从基地相关资料的搜集、调查结果归纳出基地内进行风景旅游建筑建设可能产生的问题。通过专家座谈会、问卷调查等方式寻求解决问题的方法，以达到与基地的特征相结合又能满足使用者需求的风景旅游建筑方案。同时，应从搜集到的基础资料中充分认识到场地内的潜在优势，在后期的规划设计中利用并发挥好其优势内容。

图 6-3　西江苗寨旅游服务区规划设计基地现状

(资料来源：作者拍摄)

　　在千户苗寨文化创意平台的问题探讨过程中，规划人员提出了所需要重点解决的四个重要问题：如何处理新规划与原游线的关系、如何处理新区域与传统文化的关系、如何处理新建筑与自然环境的关系以及如何处理新建筑与传统建筑的关系。这四大问题成为引导整个规划设计过程的核心方向标。

6.2.2.2　基地分析

　　将前期搜集与调查到的资料进行图示化处理，借由 GIS 与叠图手法了解区域内的发展潜力与限制因素。视知觉要素、气候要素、自然要素等其他基础要素也可以转化成图面，成为规划设计阶段发展构想的基础。

基地分析阶段需对资料搜集与调查阶段的成果进行深入反馈，即让调研成果落实到分析结论之中，从而满足各发展议题的需求，并在此基础上，对选定的地点进行景观视觉评价与分析。

6.2.3 确定规划目标

规划目标是风景旅游建筑规划设计最终所希望达到的结果，目标体系的建立有利于规划设计人员检视成果是否达到期望值，对整个规划设计过程是非常重要的。规划目标的建立需充分考虑风景区的发展定位、政策方针以及专家学者的意见，全盘考虑后确立规划发展目标。

目标体系的建立不仅需要配合上位规划和相关政策方针，还要考虑规划区域、基地内的资源潜力和特征，目前以及将来可能遇到的问题。

在目标定位阶段，西江苗寨旅游服务区的规划设计团队认为，从自然生态的保育、苗乡文化的传承以及平台功能的建设三大方面入手，从而达到苗汉文化为骨架、功能平台为内容、本土生态为手段来打造一个鲜明特色的旅游服务平台，以此为终极目标引导规划设计的进一步开展（图 6-4）。

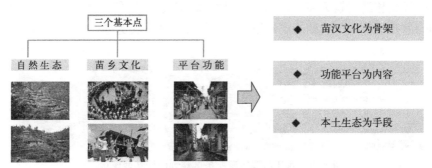

图 6-4 西江苗寨旅游服务区的规划设计目标定位

（资料来源：作者绘制）

6.2.4 拟定实质规划

6.2.4.1 规划设计构想

将前述制定的规划目标整合实际环境要素的分析结果，结合规划设计人员的创造性思维，对风景旅游建筑的场地布置、空间造型、规模大小等进行确定和修正，交通流线也经过不断调整发展出最合适的设计构想图。

构想建立后，应持续征求各界专家和当地民众的意见和建议，反馈回顾规划目标，以最适宜的模式进行构想的发展。

西江苗寨服务区通过山体空间的重塑、聚落空间的延伸以及内外空间的有机结合等方向进行方案构思与推进，并与当地民众、政府部门进行及时交流与沟通，从而使得构思的方向能够与当地的自然人文环境相结合。

图 6-5　西江苗寨服务区规划设计构想

（资料来源：作者绘制）

6.2.4.2　拟定实质规划

根据对区域、基地内的自然、人文等基础要素的反馈，风景旅游建筑的实质规划阶段可根据以下几个方面进行拟定：

①资源保护——如何在风景旅游建筑的规划建设过程中体现对于自然与文化资源的保护、提升等；

②风貌管理——包括如何对拟建风景旅游建筑的体量、色彩、造型、质感等形态要素进行评价并反映其对于原有风貌的影响；

③交通衔接——在整个场地建设过程中，如何将风景旅游建筑与风景区内的主要道路交通系统进行整合、衔接以及改变；

④景观规划——包括对场地内的植被、水体等自然景观要素以及民居、亭廊等其他人文景观要素的系统考虑，以及对其进行的改造与更新；

⑤功能定位——对拟建设的风景旅游建筑进行具体功能以及空间布置的详细策划，包括使用面积以及人员配置等。

以西江苗寨旅游服务区规划设计为例，其实质规划内容包含了道路系统规划、功能定位规划、景观节点规划等（图 6-6）。

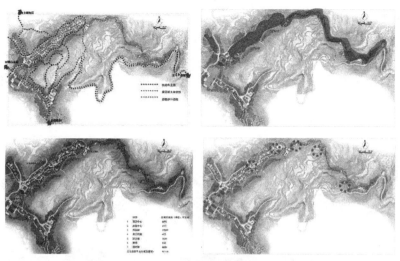

图 6-6　西江苗寨旅游服务区实质规划内容

（资料来源：作者绘制）

6.2.5　建筑方案设计

6.2.5.1　场地设计

以一定比例（1∶200 或 1∶100）的现状测绘图作为设计地图，内容包含现有等高线、乔木、重要灌木、植被植物、水文、公共设施、管线位置等基本情况，按照实质规划的内容，落实到场地设计阶段，包括流线组织、外部空间组织以及景观细部规划设计等内容。

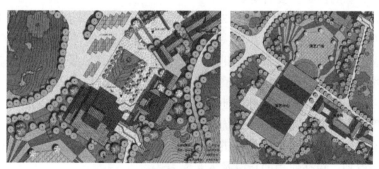

图 6-7　西江苗寨旅游服务区游客中心与演艺中心的场地设计

（资料来源：作者绘制）

6.2.5.2　提出草案

在此阶段对风景旅游建筑做出更为精确的调整、修正，以尽量达到规划目标的要求，完成风景旅游建筑设计的初步草案，并通过与建设单位（风景区管理部门）、专家学者、当地居民等进行交流沟通，以设计出可行方案。

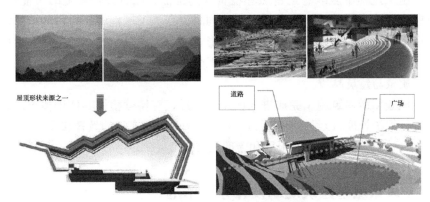

图 6-8　西江苗寨游客中心的草案构思
（资料来源：作者绘制）

6.2.5.3　确定最佳方案

在完成初步草案的计划后，将其明确地表达给建设单位（风景区管理部门）与当地居民知晓，待其审查与提出修改意见或选出最合适的方案后，经过规划设计方的调整，完成最佳的可行方案。

在确定的方案基础上，进行施工图的绘制，并注明需要注意的特殊地点、景观以及相关的敏感地区。

图 6-9　西江苗寨游客中心建筑设计方案
（资料来源：作者绘制）

6.2.6　施工监造与维护管理

在完成施工图设计后，择优选择施工方，并与之沟通设计构想和理念，传达风景旅游建筑所在基地的特殊性，避免施工过程中对场地造成的破坏。同时，监理人员也必须充分了解设计理念和施工要点。

施工过程中应以尊重自然环境资源为前提，保留设计变更的可能性，以顺应环境本质做适当的设计调整。同时，在施工过程中，材料的选择需反馈至景观评价的要求，建筑体量与形式初步完成时，宜进行再次现场评估，确认在现场的实际观感，立面施工时进行材料的试做和评估，以保障施工质量与建筑品质。

风景旅游建筑施工完成进入使用状态后，应持续检视其使用情况，定期进行维护管理，以维持良好品质，同时，加强管理人员的教育和理念培养，提升风景旅游建筑的软件水平和管理品质。

6.3 风景旅游建筑规划设计导则示范

"设计导则"是城市设计中的学术专有名词，是对设计活动的一种规则性引导。本节将对风景旅游建筑的设计导则进行分类化总结与相应的实例展现，作为前文集成规划设计方法的应用性成果。着重论述在风景区内常见的游客中心以及旅游公厕，从设置意义、设置流程、设计导则等方面进行阐释，由于急难救助类风景旅游建筑——避难小屋目前在我国设置较少，缺乏相关的实践和案例，故也列入其中，以作为以后操作中的参考。

6.3.1 游客中心

游客中心是以服务游客为最主要的功能，其中设置包括服务、展示、解说、餐饮等各项软硬件设备，是风景名胜区内提供各项资源的中心建筑物。主要功能是为游客提供风景区的各项资讯以及提供解说、展示等服务，同时可为游客提供餐饮、纪念品的零售，并可结合小型的急救功能设置。

在游客中心设计与配置的过程中，需要避免远离游客的流线，使得可达性降低，同时要避免造型设计与材料选取的复杂以及过度设计的发生，最后，还需要游客中心反映地方特色与环境条件。

在使用者的分析阶段，确认游客行为模式，游客中心的

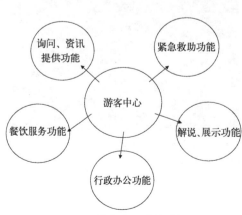

图 6-10 游客中心功能分解图

(资料来源：作者绘制)

规划设计应针对服务对象进行了解，包括游客组成、停留时间、交通工具、使用模式等；确定游客人数，包括园区平均游客量、分区平均游客量、尖峰时刻游客量等。

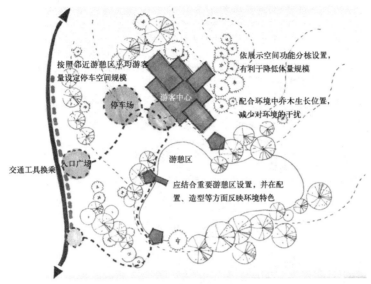

图 6-11 游客中心的配置示意

(资料来源：作者绘制)

游客中心规划设计导则（资料来源：作者整理） 表6-4

主要功能	◎提供游客风景区各项资讯； ◎提供解说、展示的功能； ◎可为游客提供餐饮、贩卖； ◎可结合小型急救功能	
设置重点	◎确认游客的需求、停留时间以反映主题和呈现方式； ◎应该接近游客行进的路线，以增加使用的意愿； ◎应该符合绿色建筑的相关做法	
规划原则	选址原则	◎安全性：无潜在地质灾害的危险（泥石流、地震、塌方等）； ◎环境结合性：不宜设置于制高点而破坏坏山体轮廓线；不宜紧邻特殊地貌景观或历史文化遗迹； ◎发展可行性：有足够发展的腹地空间，坡度不大于30%； ◎便利性：为游客车辆可达的地点，并接近游客游览主线路或主要游憩区
	环境检视	配合地形地貌进行配置规划，以最少环境改变达成建设目的
	气候检视	◎热带地区应注意通风、遮阳等； ◎亚热带地区除注意通风、遮阳外，还需要考虑温差所带来的影响

建筑设计导则	适应气候设计	◎热带、亚热带地区 ·利用延伸或分散式建筑规划来加大通风效果，以降低室温； ·避免封闭式空间的设计，尽量使用开口来形成空气对流； ·延伸屋顶来扩大遮阳； ·减少向阳面开窗面积； ·利用景物、植物来遮挡朝东和西晒的墙壁； ·使用百叶窗、纱窗代替玻璃窗； ·运用地形风，使微风掠过含水物体（水池、植栽）吹向建筑； ·运用浅色外墙和屋顶，降低对太阳光的吸收，同时考虑眩光的发生与对环境的影响。 ◎温带地区 ·墙面尽量紧密结合，减少缝隙； ·建筑尽量坐北朝南，减少非向阳面开窗； ·利用深色外墙吸收太阳光及热能
	绿色生态设计	◎生态种植 ·基地内植物种植应为原生地物种，并体现多样性与复杂性； ·直径大于30cm或树龄大于20年的乔木需原地保留，直径大于15cm的乔木尽量原地保留或基地内移植； ·保留基地开挖表层土，用于绿化种植的表层覆土。 ◎水土保持 ·建筑物周边的人工地坪应用透水性材料铺设，并通过植物种植来防止水土流失。 ◎节能减排 ·设置雨水贮留与截留系统，并与建筑物整合设计； ·视情况设置再生水利用系统，用于处理生活污水，降低污水排放； ·尽量满足自然通风与自然采光设计，以百叶窗取代玻璃或使用低反射率的玻璃。 ◎绿色能源 ·利用太阳能、风能等可再生能源进行集电、发电，转化环境能量利用； ◎绿色建造 ·使用低碳、环保、可再生的建材； ·以轻量化、模块化构造进行施工
	平面设计	◎功能的确定 ·确定是否配置行政办公功能以及设计游客人数、开放时间等； ·设置解说、展示功能、影片放映功能、急救站功能、餐饮功能之前进行先行评估。 ◎合理空间量 ·依据风景区额定游客量与行政人员数量确定建筑物的规模与空间使用量。 ◎弹性化空间 ·为保留展示内容更新与游客人数的变化，内部空间模式宜减少固定隔间，保留更多弹性使用空间；
	造型设计	◎整合于环境 ·设计造型应以对环境视觉景观影响最小为原则； ·造型应呼应于环境景观元素调查分析建议，为融合自然的设计； ·造型应具有地方特色，结合地区传统建筑做法与营造形式； ·充分利用周边优美景致，适度使用穿透性材质（窗、玻璃）以及回廊，提高建筑物的开放性，将户外景观引入室内。 ◎减量化设计 ·造型宜简单与模块化，避免复杂的装饰

	色彩与质感	◎优先考虑天然材质的原始色彩； ◎选择与环境色彩相似或调和的色彩； ◎具有文化因子的地区，可加入传统文化中的色彩与习惯用色
建筑设计导则	材料选用	◎适于环境 ·海岸地区必须使用防盐蚀、防风蚀的材料； ·高山地区需考虑降雪等气候限制，使用膨胀系数小并具有保暖效用的材料，应有通风、防潮设计。 ◎反映自然 ·应使用当地的建材，原则上以当地的天然材料为宜； ·若当地材料禁采，则可使用颜色、质感与当地材料接近的建材。 ◎易于维护 ·外部材料应选择耐候性强、低维护、不易脱落以及不易褪色、发霉、易于清洗的材料
展示空间设计		◎结构体 ·室内高度应配合展示设备播放需求，事先进行相关设备的评估； ·运用声光设备播放的展示空间，尽量不设置窗户； ·减少固定设备或永久性间隔，以利于变动展示内容与弹性化使用。 ◎流线 ·参观流线预留宽度应包括驻足观看并满足两人通行，宽度至少为3m； ·参观流线应保持一定的游客选择性，避免单循环路径的一线到底。 ◎设备 ·在建筑设计阶段需考虑展示设备对于温湿度、空间的需求，进行整合性设计； ·展示空间应预留足够的电源装置，以保证一定的发展、弹性空间

6.3.2 旅游公厕

公共服务类风景旅游建筑设置的主要目的是为游客提供服务，所以，由于风景区内不同的分区设定目的不同、游客量不同，提供的服务程度也不尽相同，于核心区域（生态保护区、特别景观区、史迹保存区）是以环境为主体，所以此类风景旅游建筑的导入应降至最低且应经过审慎的评估，而在缓冲区（一般管制区、游憩区）则应寻求公共服务设施与环境和谐共处的模式，以合理需求及环境允许模式导入。

公共厕所是提供给旅游景区内游客使用的重要风景旅游建筑，而公共厕所的设置并非只是单一设施设置，在很多情况下，必须与休憩空间、管理站、游客中心等其他建筑相结合，

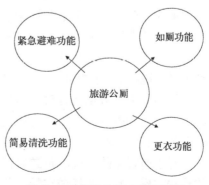

图 6-12 旅游公厕功能分解图
（资料来源：作者绘制）

做整体的规划设计，在设置计划中，应从构想阶段进行建筑机能必要性检讨及确认，方能进入规划设计的阶段。

风景区内的旅游公厕设置，主要有以下三种来源：新建公厕、原有公厕的更新以及旧建筑物的改造再利用。

在对风景区旅游公厕设置之前，无论是新建厕所、原有公厕的更新还是旧建筑物的改造再利用，对其环境的调查都是设置过程中的重要步骤。无论是对于其规划选址还是规模类型的确定，前期的环境调查都不可或缺，但是对于三种不同的来源，其前期调查的内容也不尽相同。

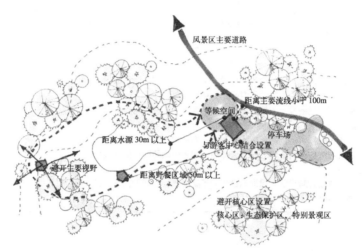

图 6-13　旅游公厕的配置示意

(资料来源：作者绘制)

（1）新建厕所

首先要对新建公厕位置的区位进行分析，主要包括对于选定位置的区域划分，是否处于核心区或者缓冲区等，其次对于其地理分区的确定，即高山地区、海滨地区还是平原地区。

对于所选择的位置其所在的物理环境的调查主要包括地形地貌、高度、坡度、地下水、邻近水源位置、底层结构、土壤构成等，同时要对周边的环境景观进行视域分析的调查。

气候环境的数据将是对公厕形制选择的重要依据，主要包括基地历年的气候资料和微气候的调查与搜集，比如地形风、温湿度、降雨量、日照情况等，必要的时候需要对基地内部的动植物环境的物种、现状进行调查。

对于游客量的调查以及游客行为的评估将对厕所规模的设置提供有力的数据支撑，其中包括游客量、游客的组成、男女比例、停留点、停留时间和活动模式等。同时，基地内部的水电等管网设施的现状也将影响到厕所形制的选择与具体设计。

（2）原有厕所的更新

在对原有厕所的更新改造时，最重要的是对原有厕所进行使用后的评估，其中主要包括来自于周边居民、游客、专家学者以及管理维护人员的意见调查，以及厕所使用情况的调查研究，涉及的二级指标主要有使用率、损坏率、环境结合度、适用性、安全性等。此外，还要对实际使用量、男女比例等合理性进行相应的评估。

（3）旧建筑物的改造

旧建筑物改成公厕之前，需要对其所处位置进行评估，确定其是否位于适合设置厕所的位置，其次要对该建筑的结构、材料、工艺、空间等现状进行改造厕所的可行性研究，以及评估管线导入的方式对原建筑的影响大小。最后还要确定进行厕所改造的经济性问题。

旅游公厕规划设计导则（资料来源：作者整理）　　　　表6-5

主要功能		◎提供游客如厕功能； ◎提供简易的清洗功能； ◎可为游客提供更衣或哺乳空间
设置重点		◎确定公厕规模，并选择合适的处理模式； ◎确定所在区位与环境条件的限制； ◎确定水电管网设置的可行性与经济性
规划原则	选址原则	◎游客需求：宜接近主要停留据点设置，如游客中心、停车场、游憩区等； ◎景观视觉考虑：避免设置于主要景观视觉轴线上，但需要保证易达性，距离主要动线不宜超过50m； ◎环境品质保障：避免设置于风口与上风处，并远离水源30m以上，距离野餐、休憩区50m以上
	配置计划	◎选择适宜的地点并合理反映需求空间量； ◎宜配置适宜的等候空间； ◎应有的废弃物处理方式评估与空间的预留
建筑设计导则	适应气候设计	◎热带、亚热带地区 ·避免封闭式空间的设计，尽量使用开口来形成空气对流； ·延伸屋顶来扩大遮阳； ·减少向阳面开窗面积； ·利用景物、植物来遮挡朝东和西晒的墙壁； ·使用百叶窗、纱窗代替玻璃窗； ·运用地形风，使微风掠过含水物体（水池、植栽）吹向建筑； ·运用浅色外墙和屋顶，降低对太阳光的吸收，同时考虑眩光的发生与对环境的影响。 ◎温带地区（高山地区） ·墙面尽量紧密结合，减少缝隙； ·建筑尽量坐北朝南，减少非向阳面开窗； ·利用深色外墙吸收太阳光及热能； ·以斜屋顶设计避免积水或积雪； ·低温寒冷地区设置时，生化反应较差，需采取一定的保温或控制微生物的方法加以解决

建筑设计导则	空间设计	◎厕所的尺寸符合相关建筑设计规范的要求； ◎蹲位的数量应按照游客数量进行估算设置，并按照游客停留时间、使用状况进行适当调整； ◎游客中心以及游客量大的游憩区，男女蹲位的比例以1:3为宜，一般活动区域以1:2为宜，游客量较少或使用频率较低的区域可以使用共用型； ◎具有一定的隐蔽性，避免任何情况下可由外部看见厕所内部活动； ◎游客中心以及游客量较多的区域应设置无障碍厕所并考虑结合亲子厕所或哺乳室等； ◎于海滨或具有温泉设施的风景区内，可设置更衣室，淋浴宜采取户外开放式设计
	立面设计	◎立面形式应与风景区整体风貌协调，避免过多装饰与造型； ◎设计时应尽量采用自然采光与自然通风的手法； ◎小便斗前方可设置开口，以便于观赏风景，将风景引入室内，但需避免面对动线与活动区； ◎出入口避免直接面对活动区； ◎可结合地域人文与建筑特色进行立面设计
	材料选用	◎内墙材料避免小尺寸面砖，以防止过多缝隙而导致的藏污纳垢； ◎外墙的材料可考虑当地惯用材料与建构方式； ◎材料的选择应与周边环境融合，不过分突出材质
	设备管网	◎便斗马桶 ·便器与给水设备应采用节水产品； ·在易于管理区域，小便斗（男用）可采用自动感应冲水设备； ·小便斗（男用）高度提高至65cm，并设斗口高40cm的儿童小便斗； ·大型厕所男女厕至少设置一个坐便器，其余的以蹲便器为主。 ◎管线照明 ·水电管线应集中设置，减少不必要的浪费； ·运用天窗、采光口，尽量使用自然采光； ·可利用太阳能或风力发电设备，提供必要的电力。 ◎配套设施 ·应设置必要的挂钩、置物架、垃圾桶等； ·可设置紧急报警器或对讲机等设备； ·应设置清晰易懂的指示标志，符合国际惯例
	给水排水	◎中水利用 ·应运用中水驻留系统，收集雨水用以冲洗厕所； ·设置于高处的储水箱应考虑视觉景观效果，数个小型水箱优于一个大型水箱； ·海岸地区可利用海水冲洗厕所，但相关设备需抵挡海水的腐蚀。 ◎污水排放 ·经（微生物）处理过的污水可以选择适宜的地点进行排放，并可结合人工沼泽做进一步的过滤，降低污染； ·堆肥或稀释尿液用于植物肥料使用时，应注意其生态消长影响

6.3.3 避难小屋

避难小屋是属于急难救助类的风景旅游建筑，为风景区游客活动时提供紧急事件的处理及安全救护。目前在我国的风景区内，由于其他类型较多，而较少设置，但在欧美国家以及我国台湾地区，避难小屋已成为一些自然灾害易发景区内的重要建筑设施类型。

目前，我国西部地区进入了地震多发期，尤其是 2008 年汶川地震以后接踵而来的几次大的地震让人们意识到了日常生活中避难救助的重要意义，而在风景区内的避难措施也应成为风景旅游研究领域新的课题。避难小屋的主要功能板块包括简易救助、休憩住宿、环境监控以及紧急避难等。

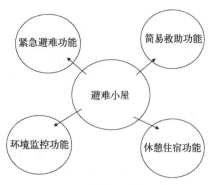

图 6-14 避难小屋功能分解图

（资料来源：作者绘制）

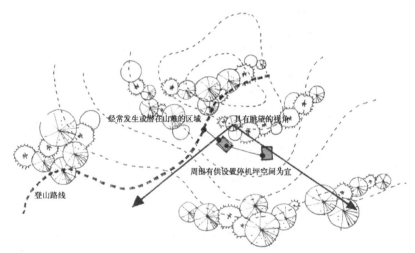

图 6-15 避难小屋的配置示意

（资料来源：作者绘制）

避难小屋规划设计导则（资料来源：作者整理）	表6-6
主要功能	◎提供登山者中途休息或短暂住宿停留； ◎提供紧急状况或气候条件突变的避难空间； ◎提供紧急医疗与通信设备，发挥急救与求救功能
设置重点	◎确认适当的设置地点，如常发生山难的地方、需长期监测环境与生态观察的地点； ◎确认所在区位与环境条件的限制，降低受气候等因素的破坏； ◎确认未来管理与维护模式； ◎确认相关能源使用的可行性、经济性与安全性； ◎高山住宿与避难小屋的功能与设备应予以分隔

规划原则	选址原则	◎需充分考虑施工时材料的搬运困难，如气候条件、直升机空运等； ◎对于积雪、塌方、洪水等可能发生的灾害进行调查后，尽可能设置在安全处； ◎考虑气候条件不佳、地理环境险峻或经常有游客迷失的地方； ◎区位的选择应与登山步道相结合，固定距离设置或根据环境需求设置； ◎地势平坦坡度不大于30%、易于寻找与眺望的地点，附近最好有水源供应为原则； ◎邻近的地区应有足够的腹地作为紧急直升机起降用； ◎设置在易于找到使用动线的位置上，并易于被找到
	配置原则	◎应以太阳能发电或风力发电确保电力供应，驻留雨水以确保水源； ◎使用强度足够的材料，建造坚固与耐久的结构； ◎选择适宜地点并设置合理的空间量，以容纳20人左右为宜； ◎以模块化、轻质化、易搬运、易组装或使用当地材料为原则； ◎能源与废弃物的处理以自给自足为原则； ◎提供完善的资讯与必要的通信设备； ◎材料的选择宜使用不燃材料等级
建筑设计导则	适应气候设计	◎墙面尽量紧密结合，减少缝隙； ◎以坡屋顶或低摩擦面屋顶设置降低降雪的影响； ◎于迎风面设置斜面构造，降低强风的影响； ◎建筑方向应以南向为佳，减少非阳面开窗，保持良好通风； ◎利用深色建筑外墙吸收太阳光与热能； ◎风速过强、太阳直射过强的区域可运用自然植栽改善气候环境； ◎在积雪地区，可考虑在上部设置出入口，避免积雪量大而导致的掩盖
	绿色建筑设计	◎雨水驻留：应设置有雨水驻留设备，为无自然水源的地区提供应急水源； ◎绿色构造：以轻量化、模块化构造与施工； ◎绿色建材：利用太阳能、风力发电，转化环境能源的利用，使用轻型钢构或木材，易于更换与重复利用
	细部设计	◎各项相关设施以规模小、简易、经济、不妨碍自然生态环境为原则； ◎室内干燥处设置急救设施、紧急通信设置、地图等，室外设置指示牌与现地坐标； ◎周边开阔地带设置直升机停降场，可用小石块等自然材料标示"H"标志； ◎屋顶颜色宜采用环境对比色，如红色，墙体宜使用深色以增加聚热效果
	维护管理	◎注意危险区域的预防措施、水域管理、火灾预防、自然灾害预防措施等安全管理； ◎定期进行设施维护、周围环境整修、急难通报设施维护，针对被破坏严重处，需要及时解决； ◎定期针对避难小屋周边的生态系统进行生态调查，得以了解设置地点的适宜性

第 7 章　结论与展望

7.1　结论

本书从风景名胜区的规划设计与建设现状出发，提出了风景旅游建筑的基本概念并系统梳理了其历史脉络与发展现状，建立起风景旅游建筑的耦合系统并对之进行了详细的解析与阐释。通过国内外政策与案例研究、层次分析法、视觉评价以及游客时空行为观察等方法对风景旅游建筑的相关内容进行了深入的解读和创新性的探讨，并最终形成了风景旅游建筑规划设计方法体系，本书的主要结论有：

1. 建立风景旅游建筑规划设计体系势在必行

概念界定不清、管理体系不顺以及规划设计手法的欠缺是导致我国风景名胜区内旅游建筑对景区带来破坏性影响的重要原因。目前，我国的风景旅游建筑相关理论还未形成统一的研究范式，也缺乏针对性强的规划设计体系来指导实践。对风景旅游建筑的基本概念进行界定并形成与之相适应的规划设计体系是有效改善目前现状的重要方式，也是提高我国风景旅游建筑规划设计水平的重要手段与必由之路。

2. 美国与中国台湾的经验是我国风景旅游建筑规划设计的重要参考

美国的国家公园规划设计历史悠久、经验丰富，是我国风景旅游建筑规划设计的重要参考对象，但由于历史、国情不同，完全照搬照套美国的做法是不切实际的。我国台湾地区国家公园规划设计体系深受美国的影响，因其与大陆地区同根同源，具有相似的文化背景，我国台湾地区关于国家公园规划设计，尤其是国家公园建筑设计的经验与做法更应成为我国大陆地区进行风景旅游建筑规划设计的重要参考。

3. 风景旅游建筑规划设计应与场地充分耦合，考虑场地中的自然与文化要素

针对不同的气候分区以及微气候特征，风景旅游建筑设计应采取不同的形式与手法与之相适应，考虑季节性变化，进行灵活性设计；不同的山位与山地坡度，直接影响到风景旅游建筑的选址，并对其微气候产生影响，根据不同的山地形态与特征，风景旅游建筑的设计有与之相适应的形态与空间模式；场地中的水体与植物都是影响风景旅游建筑微气候的因素，并为风景旅游建筑提供景观，合理利用水体与植物都能够创造出更加舒适宜

人的风景旅游建筑与空间环境；对风景区内传统建筑的更新再利用以及向传统建筑学习材料选用与设计手法都是提高风景旅游建筑生态化水平与永续发展的重要手段；与场地空间的不同衔接形式能够形成风景旅游建筑不同的空间感受与特征，广场以及交通道路的做法与材料选取应与风景旅游建筑相适应、相协调；合理利用自然山水景观，是有效提升风景旅游建筑设计品位、提高游憩满意度的重要手段。

4. 风景旅游建筑的形态生成应充分考虑场地的物质与文化特征

风景旅游建筑体量大宜分散，体量小宜共构，可以采用拟态或者运用简洁明朗的造型来弱化人工痕迹；风景旅游建筑的色彩选择需考虑色彩的物理特性以及心理感受，同时应优先从自然与人文环境中汲取色彩，弱化人工色彩；风景旅游建筑的材质选择应认真考虑其质感特性与含能量大小，尽可能采用自然环境中的材料以及回收材料，降低能源消耗；宜充分利用植物来改善风景旅游建筑室内微气候，并丰富内部空间层次；风景旅游建筑的内部空间可模仿大自然或采用粗野主义表达；利用层次分析法可建立起风景旅游建筑与场地的耦合度评价体系，从而量化检验风景旅游建筑方案与场地耦合的优劣。

5. 风景旅游建筑规划设计应与人充分耦合，考虑游客的视知觉感受与行为特征

旅游学中的环境补偿需求原理应成为风景旅游建筑设计的重要原则之一，即在风景区内进行建筑设计应避免城市化手法与倾向；根据保护分区、自然度分级理论，风景旅游建筑的设计策略与手法还应该考虑不同分区、分级的多样性与适应性；风景旅游建筑设计应加强游客的体验感受，将参与式体验作为风景旅游建筑设计的最高层次目标；文化性、独特性、环境融合性以及自然性是影响大众对于风景旅游建筑视觉评价最重要的因子；建立风景旅游建筑准入制度、材料与营造指导、视觉模拟机制是提高风景旅游建筑视觉品质的重要手段；以休憩亭廊与游客基本信息的采集、时空间行为轨迹的观测、问卷访谈等方式对休憩亭廊的规划设计进行反馈是可行的；在定性分析的基础上，停滞率（S）、人均停滞时间（t）、停滞指数（St）等三大停滞指标可以作为休憩亭廊规划布点、设置必要性有参考意义的定量指标。

6. 风景旅游建筑规划设计体系的建立有利于今后的项目建设与研究

与风景区总体规划相衔接、遵循分级分区选址原则以及梳理场地与人的主体意识应成为风景旅游建筑规划设计的三大原则；风景旅游建筑的集成化规划设计流程主要可以包括以下 6 个阶段：资料搜集与调查、问题与基地分析、确定规划目标、拟定实质规划、建筑方案设计以及施工建造与维护管理；风景旅游建筑的规划设计导则可以为今后的项目建设与研究提供较好的参考与借鉴。

7.2 创新点

1. 界定了风景旅游建筑的科学概念与范畴，梳理了我国风景旅游建筑的发展历程与历史脉络，并系统性地建立起风景旅游建筑理论与规划设计方法体系。

2. 建立了"风景旅游建筑—场地—人"的耦合模型，并以此为基础系统化探讨了风景旅游建筑与场地、风景旅游建筑与人的耦合模式，并利用层次分析法构建了风景旅游建筑与场地的耦合度评价体系。

3. 将游客的情感需求以及视知觉感受引入风景旅游建筑研究之中，尝试了将心理物理学方法应用到风景旅游建筑的视觉评价之中，并得出了一些能够指导风景旅游建筑设计的结论。

4. 将时空行为学、时间地理学的理论与方法引入到以亭廊为节点的风景旅游建筑系统当中，并完成了以青城后山为例的实证研究，探索出了风景旅游建筑与游客时空行为之间的关系。

5. 提出了休憩亭廊的停滞率（S）、人均停滞时间（t）以及停滞指数（St）的概念，并以此作为休憩亭廊设置必要性、合理性的判断指标，为休憩亭廊的规划设计提供了理论依据。

7.3 展望

本书是对风景旅游建筑的探索性理论研究，但由于时间与水平有限以及实验条件的限制，尚有一些相关研究领域与内容值得将来进一步的探讨。展望未来，本领域的后续研究工作主要包括：

1. 对现有相关政策法规进行调整与更新。本书着眼于风景旅游建筑的规划设计方法与实证研究，而较少有对于现行规划设计规范、经营管理政策进行调整与更新的实质性建议，相信这将是该领域的一个亟须研究的问题。

2. 对耦合度评价体系进行改良并予以推广。书中风景旅游建筑与场地的耦合度评价是建立在专家评分的基础上的，存在先天的主观性缺陷，如何建立起更加客观、不依赖于主观因素的评价体系并予以推广使用，是解决风景旅游建筑设计与管理的重要课题。

3. 对视觉评价与分析方法的深化与应用。书中通过风景旅游建筑的视觉评价与分析得出了一些能够指导风景旅游建筑设计的基本原则，但仅靠此结论指导具体设计还远远不够，所以对该方法的深化与推广应用是实现理论指导实践的重要研究方向。

4. 增强对风景旅游建筑相地选址的研究。相地选址是中国传统建筑活动的重要组成，也是风景旅游建筑规划设计前期的重要工作，由于时间与篇幅有限，本书对风景旅游建筑相地选址的内容较少提及，是笔者下一步需要开展的后续工作。

5. 基于大数据的风景旅游建筑的相关研究。大数据时代的到来，被称为"第三次产业革命"，规划设计学界也开始有所回应，书中对游客时空行为的研究是基于小样本的研究，而基于大数据的游客时空行为与风景旅游建筑的相关性研究也许能够得到更佳的效果与结论。

附录一：风景旅游建筑感知与偏好调查问卷

您好，我们是西南交通大学绿色建筑研究与评估中心"大学生对风景旅游建筑的感知与偏好"课题组，希望通过对建筑学院大学生的问卷调查得出影响大学生对风景旅游建筑满意度的主要因素以及大学生对风景旅游建筑的景观偏好。

为了得出客观科学的研究成果，希望您能够认真观看幻灯片播放的图片并填写问卷，感谢您的参与！

您的基本情况

性别：□男　□女　　专业：□建筑学　□城乡规划　□风景园林/景观建筑设计

您来自于：□城市　　□县城　　□村镇

您更喜欢去：□自然景区　　□人文景区　　□无所谓

您平均一年去几次风景区：□一次及以下　　□二次　　□三次及以上

风景旅游建筑感知测评(请在对应的"□"内勾选您的感受程度，如"✿")

	非常	稍微	一般	稍微	非常	
建筑1 喜欢这个建筑	□	□	□	□	□	不喜欢这个建筑
与环境相融的	□	□	□	□	□	与环境冲突的
简单的	□	□	□	□	□	丰富的
显眼的	□	□	□	□	□	隐蔽的
自然的	□	□	□	□	□	人工的
古典的	□	□	□	□	□	现代的
独特的	□	□	□	□	□	普通的
有文化的	□	□	□	□	□	无文化的

	非常	稍微	一般	稍微	非常	
建筑2 喜欢这个建筑	□	□	□	□	□	不喜欢这个建筑
与环境相融的	□	□	□	□	□	与环境冲突的
简单的	□	□	□	□	□	丰富的
显眼的	□	□	□	□	□	隐蔽的
自然的	□	□	□	□	□	人工的
古典的	□	□	□	□	□	现代的
独特的	□	□	□	□	□	普通的
有文化的	□	□	□	□	□	无文化的

	非常	稍微	一般	稍微	非常	
建筑16 喜欢这个建筑	□	□	□	□	□	不喜欢这个建筑
与环境相融的	□	□	□	□	□	与环境冲突的
简单的	□	□	□	□	□	丰富的
显眼的	□	□	□	□	□	隐蔽的
自然的	□	□	□	□	□	人工的
古典的	□	□	□	□	□	现代的
独特的	□	□	□	□	□	普通的
有文化的	□	□	□	□	□	无文化的

风景旅游建筑的偏好评价

1.您最喜欢的建筑是＿＿＿号与＿＿＿号（若只有一个，只填写一个），最不喜欢的是＿＿＿号与＿＿＿号（若只有一个，只填写一个）。

2.请将您觉得影响风景旅游建筑视觉品质的因素进行重要性排序。（在括号内填写序号"1-6"）

（　）独特性　　　（　）文化性　　　（　）环境融合性

（　）自然性　　　（　）隐蔽性　　　（　）丰富性

再次感谢您的配合，祝您身体健康、学习进步

西南交通大学绿色建筑研究与评估中心课题组

附录二：青城后山亭廊的游客行为观察记录表

亭廊编号：_____　　时间段：_____：_____ 至 _____：_____

编号	性别		年龄层				是否停滞		发生活动（多选）				逗留时间
	男	女	老	中	青	少	是	否	坐憩	观景	饮食	聊天	秒

参考文献

[1] 窦银娣, 李伯华. 旅游景区城市化问题研究 [J]. 宿州学院学报, 2007 (8): 106-109.

[2] 王子新, 邢慧斌. 旅游区城市化问题与对策探讨 [J]. 旅游学刊, 2006 (1): 77-80.

[3] 李明德. 警惕景区发展城市化 [N]. 人民日报海外版, 2002-07-24.

[4] 周年兴, 俞孔坚. 风景区的城市化及其对策研究 [J]. 城市规划汇刊, 2004 (1): 32-37.

[5] 付军. 风景区规划 [M]. 北京: 气象出版社, 2004.

[6] GB/T 18971 – 2003. 旅游规划通则 [Z]. 北京: 国家旅游局, 2003: 2-4.

[7] Nie Wei, Kang Chuanyu, Dong Liang. Study on Integrated Design of Building Facilities in Scenic Areas [J]. Journal of Landscape Research, 2013 (9): 5-6, 10.

[8] 伊丽莎白·巴洛·罗杰斯. 世界景观设计: 建筑与文化的历史 [M]. 北京: 中国林业出版社, 2005.

[9] Alessandro Rocca. Natural Architecture [M]. New York: Princeton Architectural Press, 2007.

[10] 杜顺宝. 风景中的建筑 [J]. 城市建筑, 2007 (5): 20-22.

[11] 王雪然. 风景建筑刍议 [J]. 华中建筑, 2010 (8): 182-184.

[12] 卢峰. 当代国内旅游建筑创作的地域性表达 [J]. 室内设计, 2010 (1): 56-59.

[13] Alejandro Bahamon. Tree Houses: Living a Dream [M]. New York: Collins Design And Loft Publication, 2007.

[14] 马辉涛, 徐宁. 区域旅游开发中旅游建筑系统研究 [J]. 河北省科学院学报, 2006, 23 (3): 41-43.

[15] 喻学才. 论旅游建筑的意境美 [J]. 华中建筑, 1995 (3): 26-29.

[16] 高等学校风景园林学科专业指导委员会编. 高等学校风景园林本科指导性专业规范 [M]. 北京: 中国建筑工业出版社, 2013.

[17] 王胜永. 景观建筑 [M]. 北京: 化学工业出版社, 2009.

[18] 秦岩. 中国园林建筑设计传统理法与继承研究 [D]. 北京: 北京林业大学, 2009.

[19] (明) 计成. 陈植注释. 园冶注释 [M]. 北京: 中国建筑工业出版社, 2009.

[20] 张国强. 风景规划——风景名胜区规划规范实施手册 [M]. 北京: 中国建筑工业出版社, 2003.

[21] 冯钟平. 中国园林建筑 [M]. 北京: 清华大学出版社, 1988.

[22] (美) 琳达·格鲁特, 大卫·王. 建筑学研究方法 [M]. 北京: 机械工业出版社, 2005.

[23] (美) 尤德森, J. 绿色建筑集成设计 [M]. 姬凌云译. 沈阳: 辽宁科学技术出版社, 2010.

[24] 栗德祥. 生态设计之路——一个团队的生态设计实践 [M]. 北京: 中国建筑工业出版社, 2009.

[25] 张国强, 等. 集成化建筑设计 [M]. 北京: 中国建筑工业出版社, 2011.

[26] 成玉宁, 袁旸洋, 成实. 基于耦合法的风景园林减量设计策略 [J]. 中国园林, 2013, (8): 9-12.

[27] 朱莹.昆明近郊旅游与旅游地产的耦合发展研究 [D].昆明：云南财经大学，2012.

[28] 聂玮，等.基于 AHP 的风景旅游建筑与场地的耦合度评价体系建构 [J].建筑科学与工程学报，2014，（3）：137-142.

[29] 李如生，美国国家公园与中国风景名胜区比较研究 [D].北京：北京林业大学，2005.

[30] 杨锐.美国国家公园规划体系评述 [J].中国园林，2003（1）：44-27.

[31] 李如生.美国国家公园规划体系概述 [J].风景园林，2005（2）：50-57.

[32] （美）古德.国家公园游憩设计 [M].吴承照，等译.北京：中国建筑工业出版社，2003.

[33] 美国丹佛设计中心.美国国家公园——永续设计指导原则 [M].内政部营建署译.台北：台湾内政部营建署，2003.

[34] 国家公园法.台湾"立法院"，1972.

[35] 台湾景观学会.国家公园设施规划设计准则与案例汇编 [R].台北：台湾内政部营建署，2003.

[36] 符霞，乌恩.游憩机会谱（ROS）理论的产生及其应用 [J].桂林旅游高等专科学校学报，2006（6）：691.

[37] 卓子瑾.国家公园设施与景观相融合之研究 [D].台北：台北科技大学，2011.

[38] Stephen R.J.Sheppard. 视觉模拟 [M]. 徐艾琳译.台北：地景出版社，1999.

[39] 台湾国家公园学会.国家公园设施工程应用生态工法之研究 [R].台北：台湾内政部营建署，2009.

[40] 丁文魁，等.风景名胜研究 [M].上海：同济大学出版社，1988.

[41] 中华人民共和国建设部.风景名胜区规划规范 [S].北京：中国建筑工业出版社，1999.

[42] 张国强，贾建中.风景规划——〈风景名胜区规划规范〉实施手册 [M].北京：中国建筑工业出版社，2003.

[43] 冯钟平.中国园林建筑（第二版）[M].北京：清华大学出版社，2000.

[44] 杜汝检，李恩山，刘管平.园林建筑设计 [M].北京：中国建筑工业出版社，1986.

[45] 郑炘，华晓宁.山水风景与建筑 [M].南京：东南大学出版社，2007.

[46] 应文.四川传统风景建筑与景观生态态势研究 [D].重庆：重庆大学，2010.

[47] 卢强.复杂之整合——黄山风景区规划与建筑设计实践与研究 [D].北京：清华大学，2002.

[48] 洪泉.杭州西湖传统风景建筑历史与风格研究 [D].北京：北京林业大学，2012.

[49] 鲍小莉.自然景观旅游建筑设计与旅游、环境的共生 [D].广州：华南理工大学，2012.

[50] 杜顺宝.风景中的建筑 [J].城市建筑，2007（5）：20-23.

[51] 齐康.建筑·风景 [J].中国园林，2008（10）：62-63.

[52] 张弦，齐康.风景建筑设计的思考——张家界国家森林公园门票站规划及单体设计 [J].华中建筑，2007（5）:29-31.

[53] 马勇.旅游景区规划与项目设计 [M].北京：中国旅游出版社，2008.

[54] 保继刚.旅游区规划与策划案例 [M].广州：广东旅游出版社，2005.

[55] 刘少宗，檀馨.北京香山饭店的庭院设计 [J].建筑学报，1983（4）：52-59.

[56] 汪国瑜.营体态求随山势寄神采以合皖风——黄山云谷山庄设计构思 [J].建筑学报，1988（11）：6.

[57] 周练，沈守云，廖秋林.风景建筑的地域性表达与创作——以南宁青秀山凤凰塔改造设计为例 [J].中外建筑，2010（2）：35-39.

[58] 马非.一汲清泠水 高风味有余——武夷山茶博物馆设计 [J].新建筑，2012（5）：27-30.

[59] 俞孔坚，张慧勇，注解景观的建筑——张家界黄龙洞剧场 [J].新建筑，2012（5）：45-28.

[60] 李约瑟.中国科学技术史.第二卷科学思想史 [M].北京：科学出版社，1990.

[61] 周维权.中国古典园林史 [M].北京：清华大学出版社，1999.

[62] 俞孔坚.景观：文化、生态与感知 [M].北京：科学出版社，1998.

[63] 辛·凡德莱恩（Sim Van der Ryn）.整合设计 [M].北京：中国建筑工业出版社，1981.

[64] 杨世瑜.旅游景观学 [M].天津：南开大学出版社，2008.

[65] 江金波.旅游景观与旅游发展 [M].广州：华南理工大学出版社，2007.

[66] 王长俊.景观美学 [M].南京：南京师范大学出版社，2002：5.

[67] 邓涛.旅游区景观设计规划原理 [M].北京：中国建筑工业出版社，2007.

[68] 冈恩（Gunn）.旅游规划（第三版）[M].台北：田园城市文化事业有限公司，1999.

[69] （美）保罗·贝尔，等著.环境心理学（第5版）[M].朱建军，等译.北京：中国人民大学出版社，2009.

[70] 李斌.环境行为学的环境行为理论及其拓展 [J].建筑学报，2008（2）：45-48.

[71] 戴晓玲.城市设计领域的实地调查方法——环境行为学视野下的研究 [M].北京：中国建筑工业出版社，2013.

[72] 郑宗强.旅游环境与保护 [M].北京：科学出版社，2011.

[73] 保继刚，楚义芳，彭华.旅游地理学 [M].北京：高等教育出版社，1993.

[74] Jala Makhzoumi. Ecological Landscape Design and Planning, The Mediterranean Context [M]. London：Spon Press, 1999.

[75] 约翰.O.西蒙兹.景观设计学——场地规划与设计手册 [M].北京：中国建筑工业出版社，2009.

[76] 夏伟.基于被动式设计策略的气候分区研究 [D].北京：清华大学，2009.

[77] 董靓.湿热气候区旅游景区的微气候舒适度研究 [J].学术动态，2010（2）：1.

[78] （美）G.Z.布朗.太阳辐射·风·自然光——建筑设计策略(原著第二版) [M].北京：中国建筑工业出版社，2007.

[79] 荆其敏.设计顺从自然 [M].武汉：华中科技大学出版社，2012.

[80] 荆其敏，张丽安.生态的城市与建筑 [M].北京：中国建筑工业出版社．2005.

[81] 杨红，冯雅，陈启高.夏热冬冷气候下低能耗建筑设计 [J].新建筑，2000（3）：11-13.

[82] 托马斯 H.罗斯.场地规划与设计手册 [M].北京：机械工业出版社，2005.

[83] 台湾内政部营建署译.美国国家公园永续发展设计指导原则 [M].台北：台湾内政部营建署，2003.

[84] 卢济威，王海松.山地建筑设计 [M].北京：中国建筑工业出版社，2001.

[85] 威廉.M.马什.景观规划的环境学途径 [M].北京：中国建筑工业出版社，2006.

[86] 宗轩.图说山地建筑设计 [M].上海：同济大学出版社，2013.

[87] 徐思淑，徐坚.山地城镇规划设计理论与实践 [M].北京：中国建筑工业出版社，2012.

[88] 边策.地形建筑的形态设计策略研究 [D].北京：北京工业大学，2010.

[89] 王立昕.旧瓶新洒：浅谈掩土建筑的复兴 [J].建筑创作，2004（5）：28.

[90] （美）约翰·奥姆斯比·西蒙兹.大地景观——环境规划设计手册 [M].程里尧译.北京：中国水利水电出版社，知识产权出版社，2008.

[91] 郭伟，等. 城市绿地对小气候影响的研究进展 [J]. 生态环境，2008（6）：2520-2524.

[92] 庄惟敏. SD法与建筑空间环境评价 [J]. 清华大学学报（自然科学版），1996.36（4）：42-47.

[93] 陈睿智. 湿热气候区旅游景区的微气候舒适度研究 [D]. 成都：西南交通大学，2013.

[94] 蔡仁惠. 生态界面 [M]. 台北：台北科技大学，2010.

[95] 台湾内政部营建署. 国家公园设施规划设计规范及案例汇编 [M]. 台北：台湾内政部营建署，2003.

[96] 贺静. 整体生态观下既有建筑的适应性再利用 [D]. 天津：天津大学，2004.

[97] 徐尚志. 建筑风格来自民间——从风景区的旅游建筑谈起 [J]. 1981（1）：49-55.

[98] （美）凯文·林奇. 城市意象 [M]. 方益萍，何晓军译. 北京：华夏出版社，2011.

[99] 孟兆祯. 借景浅论 [J]. 中国园林，2012（12）：19.

[100] 郑炘，华晓宁. 山水风景与建筑 [M]. 南京：东南大学出版社，2007.

[101] 陈宇. 城市景观的视觉评价 [M]. 南京：东南大学出版社，2006.

[102] 黄证崑. 现代建筑设计与环境对应关系之研究 [D]. 台北：台北科技大学，2012.

[103] John L. Motloch. 景观设计概论 [M]. 吕以宁译. 台北：六合出版社，1999.

[104] 王黎. 现代公共建筑室内自然景观设计 [D]. 南京：南京林业大学，2003.

[105] 章俊华. 规划设计学中的调查分析方法（12）——AHP法 [J]. 中国园林，2003（4）：37-40.

[106] 章俊华. 规划设计学中的调查分析法与实践 [M]. 北京：中国建筑工业出版社，2005.

[107] 陈宇. 城市景观的视觉评价 [M]. 南京：东南大学出版社，2006.

[108] Amanda Bishop, Bobbie Kalman. Life in a pueblo [M]. New York：Crabtree Publishing Company, 2003.

[109] 南京大学建筑与城市规划学院. 永子文化园永子棋院建筑规划设计 [R]. 南京：南京大学建筑与城市规划学院，2013.

[110] 荆其敏，张丽安. 情感建筑 [M]. 天津：百花文艺出版社，2004.

[111] 谢彦君. 旅游体验研究：一种现象学的视角 [M]. 天津：南开大学出版社，2005.

[112] S.E.ISO-Ahola. Toward a Social Psychological Theory of Tourism Motivation [J]. Annals of Tourism Research, 1982（2）：256.

[113] 汤晓敏. 景观视觉环境评价的理论、方法与应用研究 [J]. 上海：复旦大学. 2007.

[114] Donald A. Norman. 情感化设计 [M]. 北京：电子工业出版社，2005.

[115] 顾红男，丁素红. 转换：建筑符号的应用策略 [J]. 华中建筑，2013（8）：16.

[116] 郑时龄. 建筑空间的场所体验 [J]. 时代建筑，2008（6）：34.

[117] 邹统钎. 旅游景区开发与管理 [M]. 北京：清华大学出版社，2008.

[118] 毛文永. 建设项目景观影响评价 [M]. 北京：中国环境科学出版社，2005.

[119] 郑朝明. 认知心理学——理论与实践（第三版）[M]. 台北：桂冠图书，2006.

[120] 刘滨谊. 风景景观工程体系化 [M]. 北京：中国建筑工业出版社，1991.

[121] 毛炯玮，朱飞捷，车生泉. 城市自然遗留地景观美学评价的方法研究 [J]. 中国园林，2010，（3）：51-54.

[122] Kaplan, R. & Kaplan, S.The Experience of Nature：A Psychological Perspective. [M]. New York：Cambridge University Press, 1989.

[123] 曾敦扬．民众对风景区凉亭之认知与偏好探讨——以澎湖国家风景区为例 [D]. 台北：台北科技大学，2011.

[124] 时立文．SPSS 19.0 统计分析——从入门到精通 [M]. 北京：清华大学出版社，2012.

[125] Stephen R.J.Sheppard. 视觉模拟 [M]. 徐艾琳译．台北：地景出版社，1999.

[126] （美）雷金纳德·戈列奇，（澳）罗伯特·斯廷森．空间行为的地理学 [M]. 北京：商务印书馆，2013.

[127] 柴彦威，塔娜．中国时空间行为研究进展 [J]. 地理科学进展，2013（9）：1362-1373.

[128] Corner James．Recovering Landscape Essays in Contemporary Landscape Architecture [M]. New York：Princeton Architectural Press，1999.

[129] 柴彦威，等．基于时空间行为研究的智慧出行应用 [J]. 城市规划，2014（4）：83-89.

[130] 申悦，柴彦威，郭文伯．北京郊区居民一周时空间行为的日间差异 [J]. 地理研究，2013（4）：701-710.

[131] 韩会然，宋金平．芜湖市居民购物行为时空间特征研究 [J]. 经济地理，2013（4）：82-87.

[132] 秦萧，等．大数据时代城市时空间行为研究方法 [J]. 地理科学进展，2013（9）：1352-1361.

[133] 关美宝，等．定性 GIS 在时空间行为研究中的应用 [J]. 地理科学进展，2013（9）：1316-1331.

[134] 塔娜，柴彦威．时间地理学及其对人本导向社区规划的启示 [J]. 国际城市规划，2010（6）：40-44.

[135] 黄潇婷．基于时间地理学的景区旅游者时空行为模式研究——以北京颐和园为例 [J]. 旅游学刊．2009（6）：82-87.

[136] 黄潇婷．基于 GPS 与日志调查的旅游者时空行为数据质量对比 [J]. 旅游学刊．2014（3）：100-105.

[137] 王德，等．基于人流分析的上海世博会规划方案评价与调整 [J]. 城市规划．2009（8）：26-32.

[138] 芦原义信．外部空间的设计 [M]. 尹培桐译．北京：中国建筑工业出版社，1985.

[139] 黄潇婷．时间地理学与旅游规划 [J]. 国际城市规划．2010（6）：40-44.

[140] 成玉宁．园林建筑设计 [M]. 北京：中国农业出版社，2009.

[141] 魏民，陈战是．风景名胜区规划原理 [M]. 北京：中国建筑工业出版社，2008.

[142] 聂玮，康川豫，董靓．台湾地区国家公园建筑设计理念 [J]. 工业建筑，2014（7）：60-63.

[143] 柴彦威，等．时空间行为研究动态及其实践应用前景 [J]. 地理科学进展，2012（6）：667-675.

[144] 耿创，聂玮．试论旅游建筑 [J]. 四川建筑，2013，33（5）：50-52.

[145] 王向荣，林菁．自然的含义 [J]. 城市环境设计，2013（5）：130-134.

[146] 金煜，闫红伟，屈海燕．水利风景区 AHP 景观质量评价模型的建构及其应用 [J]. 沈阳农业大学学报（社会科学版），2011，13（4）：497-499.

[147] 黎巎．景区游客游憩行为计算机仿真模型 [J]. 旅游科学．2013（5）：42-51.

后 记

风景建筑、旅游建筑、景观建筑、园林建筑……这些词汇的内涵与外延有何异同？似乎每个人心中都有着自己的答案。作为一个"合成的"专业术语，风景旅游建筑则有着跨越建筑学、风景园林学以及旅游科学的"混血"基因，并以自然风景为依托、旅游行为为媒介、建筑营造为立足，回答了人在自然风景游憩中一系列多极复杂的空间与环境问题。

本书是我在博士后研究期间，对博士论文进行修改而成的。在论文答辩结束的两年后，考虑将其出版，希望能够激起学界同仁对这个领域进行更加深入的讨论。我衷心地感谢以下师长和亲友给予我的宝贵建议和帮助。

首先是我的博导董靓教授。老师知晓我是建筑学专业出身，且曾在旅游策划公司实习过，则为我"量身定制"了这个"恰到好处"的研究方向，领我踏入了科研之门。读博期间，董老师让我参与到国家自然科学基金项目与建工版教材的编写工作之中，为我的教学与科研生涯铺下了深深的底色。

我要感谢我的硕导赵洪宇教授，虽然我跟随赵先生学习短短一年后便转入了博士阶段，但赵先生在生活与工作中都一直给予我莫大的鼓励与关怀。赵洪宇先生出身建筑园林名家，设计经历丰富，每每聊起其年轻时求学、工作的往事，翻开那一页页泛黄的手绘图纸，都让我受益良多。

深深感谢母校西南交通大学建筑与设计学院沈中伟教授、陈大乾教授、崔珩教授、杨青娟副教授、吴茵副教授、高伟博士等老师在学习与生活中给予的关心与支持。感谢台北科技大学设计学院蔡仁惠教授、苏瑛敏教授、张昆振副教授、蔡淑莹副教授在我赴台访学期间的无私关照。

感谢同济大学刘滨谊教授、重庆大学杜春兰教授、西安建筑科技大学刘晖教授、四川农业大学陈其兵教授、四川大学周波教授以及四川省住房和城乡建设厅邱建教授，各位前辈在我论文写作与答辩过程中提出的中肯而宝贵的意见，是论文趋向成熟的有力保障。感谢韩君伟、毛良河、付飞、陈睿智、曾煜朗等学长学姐在论文送审与答辩过程中的指导。另外，各位同期攻读学位的学友都对本文的构思有所助益。

还要深深感谢东南大学成玉宁教授在我毕业后的教学、科研等过程中给予的莫大关心与支持，让我在初出校门的迷茫中找到了合适的方向。感谢华中科技大学戴菲教授、哈尔滨工业大学余洋副教授、东南大学何杰教授、袁旸洋博士为我的后续研究提出了很多建设性的意见，让我有了继续从事科学研究的信心与动力。

感谢此刻仍在研究室辛勤耕耘的章俊华教授，是章教授的邀请才让我有机会坐在千叶大学的研究室中整理思绪、继续前行。章老师严谨的治学态度、睿智的处事方式都将是我未来事业道路上的宝贵财富与力量源泉。研究室的博士生张亚平、王培严、苏畅等为我排除了各种工作与生活中的障碍，在此一并表示感谢。

感谢我的工作单位安徽建筑大学各位同仁给予的关心与支持。由衷感谢中国建筑工业出版社编审吴宇江老师极为耐心的各种帮助，才让本书趋向完善，得以出版。

最后，我要向我的家人表示深切的谢意，是他们在物质与精神上的双重支持，才让我在学术之路上无后顾之忧。

2018 年春分于松户